知っておきたい
化学物質の常識84

なんとなく恐れている事故や公害から、
"意外と正体を知らない"家庭用品まで

左巻健男・一色健司/編著

SB Creative

著者プロフィール

左巻健男（さまき たけお）

法政大学教職課程センター 教授。1949年、栃木県生まれ。千葉大学教育学部卒、東京学芸大学大学院教育学研究科修了（物理化学講座）。同志社女子大学教授などを経て現職。著書は『面白くて眠れなくなる物理』(PHP研究所)、『ニセ科学を見抜くセンス』(新日本出版社)、『図解・化学「超」入門』(サイエンス・アイ新書、共著)など多数。

一色健司（いっしき けんじ）

高知県立大学地域教育研究センター 教授、理学博士。1958年生まれ。専門は分析化学、水圏環境化学、海洋化学。大学では基礎化学、環境科学、科学文化に関する科目を担当し、これらを通じて、科学リテラシーの多様な観点での把握と強化を願っている。

本文デザイン・アートディレクション：クニメディア株式会社
イラスト：いぐちちほ
校正：曽根信寿

執筆者プロフィール(五十音順)

浅賀宏昭(あさが ひろあき)

明治大学教授、理学博士。1963年、東京都足立区生まれ。東京都立大学(現・首都大学東京)大学院博士課程修了後、日本学術振興会研究員、東京都老人総合研究所研究員などを経て、2003年に明治大学に助教授として着任。2008年より現職。専門は生命科学および生命科学教育。大学院教養デザイン研究科では、文理融合的な学際領域での研究と教育に取り組んでいる。

池田圭一(いけだ けいいち)

パソコン・ネットワーク・デジカメ関連記事の企画・執筆、および天文や生物など自然科学分野を得意とするフリーランスの編集者、ライター。1963年生まれ。おもな著書に『光る生き物〜ここまで進んだバイオイメージング技術〜』『失敗の科学』『天文学の図鑑』(いずれも技術評論社)、『水滴と氷晶がつくりだす空の虹色ハンドブック』(文一総合出版)、『これだけは知っておきたい生きるための科学常識』(東京書籍)などがある。

大庭義史(おおば よしひと)

長崎国際大学薬学部教授、薬学博士、ペーパー薬剤師。1967年生まれ。専門は分析化学。宮崎県立日向高等学校卒業後、福岡、長崎、ロンドン、ふたたび長崎、佐世保に居住。大学では分析系科目と実習、ネットリテラシーについても講義。西の地で薬剤師を目指す学生と仲よく格闘中。

小川智久(おがわ ともひさ)

東北大学大学院生命科学研究科准教授、雑誌『RikaTan』企画編集委員。福岡県生まれ。専門はタンパク質科学、タンパク質工学、ベノミクス。

貝沼関志(かいぬま もとし)

名古屋大学医学部附属病院 外科系集中治療部 病院教授・部長、医学博士。1951年生まれ。1979年に名古屋大学医学部医学科卒業後、藤田保健衛生大学医学部麻酔学教授などを経て現職。専門は集中治療医学、麻酔・蘇生医学、救急医学。編著に『麻酔・救急・集中治療 専門医のわざ』『麻酔・救急・集中治療 専門医の極意』『麻酔・救急・集中 治療専門医の秘伝』(いずれも真興交易 医書出版部)などがある。

嘉村 均(かむら ひとし)

神奈川県立高等学校教員、現任校は横浜翠嵐高等学校。1959年生まれ。化学を中心に、生物や情報科も担当してきた。大人の指示を待つことなくみずから進んで学習や学校の自治活動に取り組む生徒について、側方支援をしていきたいと考えている。

滝澤 昇（たきざわ のぼる）

岡山理科大学工学部教授、副学長。大阪市生まれ。専門は微生物工学・発酵化学。人に役立つ微生物の能力の開発と利用をテーマに研究を進める一方、「科学の楽しさを皆で」と、科学ボランティアとして各地の科学実験教室やサイエンスショーで活動中。岡山理科大学に、学生の科学ボランティアを育む「科学ボランティアセンター」を創設。

中山榮子（なかやま えいこ）

昭和女子大学大学院生活機構学専攻教授、農学博士。京都大学大学院農学研究科修士課程修了。専門は材料学（木材・高分子系）、環境科学。共著に『新訂・地球環境の教科書10講』（東京書籍）、『未来への道標「木の時代」は甦る』（講談社）などがある。

藤村 陽（ふじむら よう）

神奈川工科大学 基礎・教養教育センター教授、理学博士。1962年、東京都生まれ。東京大学大学院理学系研究科相関理化学専攻博士課程修了。専門は気相素反応動力学、放射性廃棄物処分の安全性の研究。共著に『ベーシック物理化学』『基礎化学12講』（ともに化学同人）などがある。

保谷彰彦（ほや あきひこ）

サイエンスライター、博士（学術）。専門はタンポポの進化や生態。企画と執筆を行う「たんぽぽ工房」を設立し、文筆業を中心に、大学での講義やタンポポ研究などを続けている。おもな著書に『わたしのタンポポ研究』（さ・え・ら書房）、『身近な草花「雑草」のヒミツ』（誠文堂新光社）、共著に『外来生物の生態学』（文一総合出版）、監修に絵本『じゃがいもくんしつもんです』（学研教育出版）などがある。

山本文彦（やまもと ふみひこ）

東北医科薬科大学教授、薬学博士。1966年、福岡県生まれ。専門は放射薬学、分子イメージング薬学。九州大学助手、米国ワシントン大学（セントルイス）Visiting Assistant Professor、京都大学准教授、東北薬科大学准教授を経て2015年より現職。科学を楽しむ心を学生に伝えながら、分子イメージング分野に明るい薬剤師や薬学研究者を1人でも多く社会に輩出したいと考えている。

和田重雄（わだ しげお）

奥羽大学薬学部准教授、理学博士。専門は理科・基礎科学教育、科学コミュニケーション、教育方法学。巣鴨中学・高等学校教諭、開成中学・高等学校、SEGなどの講師を経て、2014年より現職。大学では、1年の基礎科学系科目（物理、化学、生物、数学、基礎科学実習など）を幅広く担当し、基礎学力の定着を重視するとともに、思考力・問題解決力を伸ばす能動的学習法も伝授している。

はじめに

「化学物質」というと、なにを思い浮かべますか。人工的につくられた物質？　工場で使うような物質？　公害物質？　それとも、化合物でしょうか。いくつかの定義がありますが、いずれも化学物質です。いいかえれば、私たちの身のまわりにあって把握されているものすべては元素で構成され、化学物質でできています。

　本書では、身近にある危険な物質から、生活に役立つ物質、よく名前を聞くのに正体があまり知られていない物質までを解説しています。

　ほとんどの化学物質（＝物質）は、多かれ少なかれ毒性をもっています。私たちの体重の約60％を占める水でさえも、短時間に多量を飲むと、水中毒で死にいたる場合があります。しかし、水を毒物とはいいません。無理なく摂取できる量で健康を害し、生命を危うくしたり奪ったりする毒性をもっているものを、一般に毒物と呼びます。毒性は、ゆっくり影響が出る慢性毒性と、短期間に影響が出る急性毒性とに分けられます。発がん性、催奇形性（奇形を発生させる性質や作用）といった特殊な毒性もあります。

まず第1章では、そんな毒性物質のうち、中毒事故や犯罪で知られるものの世界をのぞいてみましょう。昔から知られている青酸カリやヒ素をはじめとして、閉鎖性の高い部屋でものを燃焼させると起こりやすい一酸化炭素中毒、登山で巻き込まれやすい硫化水素中毒なども説明しています。

　第2章では、環境問題と関わりが深い物質について、大気や土壌、水質の汚染とともに考えます。オゾン層を破壊するフロン、地球温暖化の一番の原因ではないかと目されている二酸化炭素、そして放射性物質…。核燃料サイクルの実現に向けて研究用に建設された「もんじゅ」はトラブル続出で、2016年現在、廃炉とする方向で調整が続けられています。ほかにも、今後のエネルギー問題を考える上でも避けて通れない、大きな課題が残っていることがわかるでしょう。

　第3章は、細菌や植物の光合成からはじまります。光合成は、水と二酸化炭素を原料として、太陽エネルギーを取り入れて糖などの有機物をつくる働きです。私たちが必要とする栄養素の炭水化物、タンパク質、脂質（合わせて三大栄養素）は、光合成によってつくられた糖がもとになっています。

　一方、日本人の約3人に1人はがんで亡くなるのが現代です。そこで、発がん性物質について、食物に関係があるものを中心に掘り下げます。本章では、私たちの暮らしに欠かせない水にも注目し、最近話題になっている

水素水について解説します。

　第4章ではまず、私たちの身のまわりにある金属材料を扱います。そのリサイクル、さらにプラスチックのリサイクル、電池などを見ていきます。ここでトルマリンやゲルマニウムなど、「ニセ科学商品」に使われることがあるものも取り上げています。

　いずれも興味をもったところ、どこからでも読めるように構成しました。ただ、忘れないでいただきたいのは、やはり「量の程度」です。どのくらい摂取すると影響が出るのかということです。

　たとえば、肉の焦げには発がん性物質が含まれますが、本書にあるように、ふつうに摂取する分には問題ありません。焦げの発がん効果は弱く、動物実験で調べた研究者は、「実際に、焼き魚の皮の焦げや焼き肉の焦げを食べて腫瘍ができるのには、サンマなら2万尾の焼き魚の皮を(毎日)食べ、時間にして10〜15年はかかる」と述べています。

　なお本書は、化学物質を商品ラベルなどから読み解く、サイエンス・アイ新書既刊『知っていると安心できる成分表示の知識』(左巻健男・池田圭一／編著)に続いて制作されました。異なる2作ですが、1テーマ2ページ以内で読み切れるよう、やさしく解説するようにした点は同じです。ご参考になさってください。

2016年10月　左巻健男

知っておきたい化学物質の常識84

なんとなく恐れている事故や公害から、"意外と正体を知らない"家庭用品まで

はじめに	左巻健男	5

第1章 事故・犯罪と化学物質 ……… 13

「青酸カリ」をはじめとする青酸化合物	左巻健男	14
タリウムの光と影	山本文彦	16
ヒ素は愚者の毒物、未来を担う存在	山本文彦	18
あとを絶たぬ硫化水素中毒事故	一色健司	20
登山では火山ガス中毒にも注意	貝沼関志	22
特に多発する「急性一酸化炭素中毒」	貝沼関志	24
「まぜるな危険」は塩素ガスの警告	大庭義史	26
シックハウス症候群とは？	中山榮子	27
化学物質過敏症	中山榮子	28
農薬は誤用に注意すべし	和田重雄	30
カビ毒と強力な発がん性物質	保谷彰彦	32
キノコの有毒成分と判別の難しさ	保谷彰彦	34
トリカブトと「アコニチン」	保谷彰彦	36
麻薬や覚醒剤など、薬物の現在	貝沼関志	38
タバコは「毒物の缶詰」	小川智久	40

column
子どもの誤飲事故、そのときどうしたら？
貝沼関志 …… 42

サイエンス・アイ新書

第2章 環境問題・対策と化学物質 …… 43

拡散するPCB、DDTなどの影響	保谷彰彦	44
ダイオキシン類は蓄積する	保谷彰彦	46
除染が難しい「トリクロロエチレン」	池田圭一	48
土に還る生分解性プラスチック	和田重雄	50
流出した原油はどうなったか?	滝澤 昇	52
「光化学スモッグ」、悪玉としてのオゾン	藤村 陽	54
紫外線バリアとしてのオゾン層	藤村 陽	56
夢の物質フロンの暗転、そして代替フロン	一色健司	58
二酸化炭素の「温室効果」とは?	藤村 陽	60
自動車は走る大気汚染源なのか?	池田圭一	62
天ぷら油から地球を救える燃料が?	和田重雄	64
硫酸の雨が降る原因「二酸化硫黄」	池田圭一	66
酸性雨は、大気汚染のバロメーター	藤村 陽	68
硝酸性窒素汚染でヘモグロビン血症	左巻健男	70
ただのホコリではない「粉じん」	池田圭一	72
いまだ解決しない「アスベスト」問題	池田圭一	74
身近にある有害金属「カドミウム」	池田圭一	76
価数で毒性がまったく異なるクロム	一色健司	78
自然にもある放射能と放射線	山本文彦	80
放射性のヨウ素とセシウム	左巻健男	82

SB Creative

CONTENTS

人類に残された放射性廃棄物　　　　　藤村 陽……84
「夢の核燃料」になれなかったプルトニウム
　　　　　　　　　　　　　　　　　　藤村 陽……86
なぜナトリウム?「もんじゅ」の難しさ　藤村 陽……88
ダブついた劣化ウランが砲弾に　　　　藤村 陽……90
水素エネルギーへの期待と現実　　　　一色健司……92

column
発電効率の上がった太陽電池　　　　　一色健司……94

第3章 人体、空気・食物・水と化学物質 ……95

生態系を支える物質と光合成　　　　　保谷彰彦……96
炭水化物はエネルギー源　　　　　　　小川智久……98
めぐるタンパク質とアミノ酸　　　　　小川智久……100
ビタミンとミネラルの働き　　　　　　滝澤 昇……102
明らかに発がん性がある物質とは?　　小川智久……104
発がん性と変異原性　　　　　　　　　大庭義史……106
「焦げ」に発がん性物質が含まれる?　和田重雄……108
フライドポテトにもあるアクリルアミド
　　　　　　　　　　　　　　　　　　浅賀宏昭……110
食品への放射線照射、その安全性　　　山本文彦……112
ジャガイモに含まれる毒　　　　　　　保谷彰彦……114
アルコールの功罪　　　　　　　　　　滝澤 昇……116
赤ワインやお茶を飲めば健康?　　　　浅賀宏昭……118
しょうゆを大量に摂取した際の食塩中毒
　　　　　　　　　　　　　　　　　　左巻健男……120
食塩を摂取しても血圧が上がらない人
　　　　　　　　　　　　　　　　　　左巻健男……122

「コレステロール摂取制限が撤廃」の謎	和田重雄	124
「乳酸は疲労物質」ではない!?	小川智久	126
プリン体食品をやめれば痛風はよくなる？	浅賀宏昭	128
バイアグラはどうして効くの？	浅賀宏昭	130
多幸感を引きだす脳内麻薬	和田重雄	132
オゾンを使って水を浄化する処理とは？	左巻健男	134
浄水器は活性炭と中空糸膜の組み合わせ	左巻健男	136
朝一番の水道水を避けたい理由は「鉛」	左巻健男	138
水素水ってどうなの？	左巻健男	140

column

空気清浄機の「○○イオン」とは？	中山榮子	142

第4章 まだある身近な化学物質 …… 143

「鉄」はリサイクルの優等生	池田圭一	144
アルミ缶リサイクルの現実は？	嘉村 均	146
黒くなった「銀」の輝きが復活	池田圭一	148
水銀温度計を割ってしまったら	一色健司	150
1円玉〜500円玉をつくる金属	左巻健男	152
都市鉱山を知っていますか？	一色健司	154
ペットボトルのリサイクルは意外に…	池田圭一	156
便利だがかさばる発泡スチロールの行方	左巻健男	158

SB Creative

アルカリマンガン乾電池の液もれに注意
　　　　　　　　　　　　　　　　　　　嘉村 均………160

身近になったリチウムイオン電池の正体は？
　　　　　　　　　　　　　　　　　　　嘉村 均………162

「LED」は省エネ照明の最終兵器か？
　　　　　　　　　　　　　　　　　　　池田圭一 ……164

トルマリンはマイナスイオンを発生？　　左巻健男 ……166
チタンやゲルマニウムで健康効果？　　　左巻健男 ……168
ラジウム温泉の放射能は体にいいの？
　　　　　　　　　　　　　　　　　　　山本文彦 ……170

ケミカルピーリングとは？　　　　　　　中山榮子 ……172
クリーニングにだした衣類でやけど？　　中山榮子 ……174
よく耳にする「炭素繊維」とは？　　　　嘉村 均 ……176
除湿剤の成分は？　　　　　　　　　　　大庭義史 ……177
サビ取り剤の成分は？　　　　　　　　　大庭義史 ……178
カビ取り剤の成分は？　　　　　　　　　大庭義史 ……179
シロアリ駆除薬の成分は？　　　　　　　大庭義史 ……180

おわりに　　　　　　　　　　　　　　　一色健司 ……182
索引 ………………………………………………………184

第 1 章
事故・犯罪と化学物質

「青酸カリ」をはじめとする青酸化合物

執筆：左巻健男

　統計によると、戦後から1952年まで、自殺に使われた毒物の1位は青酸化合物でした。「知っている毒物は？」と聞くと「青酸カリ」と答える人がたくさんいるほど名前が知られた毒物です。

　代表的な青酸化合物には、青酸カリウム（シアン化カリウム）、青酸ナトリウム（青酸ソーダ、シアン化ナトリウム）があります。

● 青酸化合物を摂取すると

　青酸カリウムの場合、口から摂取したときの成人の致死量は、0.15〜0.3 gです。まず1分から1分半のあいだに初期症状が起こります。頭痛、めまい、脈拍が激しくなり、胸が苦しくなるのです。次いで、3〜4分後に呼吸が乱れ、吐き、脈拍は次第に弱くなり、けいれんを起こし、意識を失い、死にいたります。

　青酸カリウムや青酸ナトリウムは、胃に入って胃酸（薄い塩酸）に出合うと、青酸ガス（シアン化水素）が発生します。この青酸ガスが猛毒なのです。青酸イオン（シアン化物イオン）は、三価の鉄イオン（Fe^{3+}）と結びついて安定した化合物をつくり、チトクロームオキシダーゼという、細胞の呼吸に関係した酵素の働きを邪魔して、細胞の呼吸をできなくしてしまいます。また、脳の呼吸をつかさどる中枢を急激におかすので、短時間で死にいたってしまうのです。

● 青酸化合物の利用

　一方で青酸化合物は、身のまわりのものづくりに活躍しています。金鉱石では、石英などの岩石の中に金が細かく分散してい

ます。鉱石を細かく粉々にして、青酸カリウム水溶液に空気を吹き込みながら金を溶かし込みます。これに亜鉛粉末を入れると、亜鉛が溶けるかわりに金がでてくるのです。こうして金を集めています。

　なめらかな良質のメッキを施すためにも、青酸化合物はなくてはならないものです。金、銀、銅などのメッキ液は青酸カリウムや青酸ナトリウムの濃い水溶液です。

● **自然界の青酸毒**

　最後に注意したいのが、自然界に存在する青酸毒です。梅、杏、桃の種にはアミグダリンという青酸配糖体（青酸と糖の化合物）が成分に入っています。これは、酵素によってシアノヒドリンという物質に分解されます。シアノヒドリンは、さらに猛毒の青酸ガス（シアン化水素）に分解されます。

　欧米では杏やアーモンドの生の種を誤って飲み込んで中毒を起こした例があります。杏の生の種を5〜25粒食べると、子どもなら死にいたるとされています。これらの種は、せきを鎮める薬として昔から使われてきましたが、食べ過ぎるのはいけないということです。

写真　**身近にある青酸配糖体**

果肉がおいしい杏だが、種には青酸配糖体が含まれ、薬にも毒にもなる。

タリウムの光と影

執筆：山本文彦

　タリウム化合物は、誤飲誤食による中毒事故が世界中で絶えず、また無色で無味無臭であるためなかなか気づかれないことから、毒殺に用いられる例も多かったようです。古くは書籍や映画で殺人者として知られるグレアム・ヤングによる事件、わが国でも、1981年に福岡で傷害事件が、1991年に東京で殺人事件が起きています。2005年に静岡県でも、18歳未満の学生が自分の母親に硫酸タリウムを飲ませて殺害しようとした事件があり、また2014年に愛知県では、殺人事件の大学生容疑者が、高校時代に他県で同級生を硫酸タリウムで毒殺しようとしていたことも発覚しました。

● **昔は脱毛剤として使われたことも**

　タリウムは自然界にも少量存在するほか、銅や亜鉛などを精製する際に副産物として得ることができ、強い毒性をもつ重金属の1つであることが知られています。タリウムは成人で100 mgの摂取で中毒症状が現れ、致死量は約600〜900 mgと推定されています。硫酸タリウムは19世紀の中ごろにイギリスの硫酸工場の残留物から発見され、100年近く皮膚病用の脱毛軟膏として使われていました。中毒事故が多発したことから、現在は医薬品として使うことはほとんどなくなりました。

● **タリウムの毒性のメカニズム**

　タリウムは、消化管だけでなく、皮膚や気道粘膜からも吸収されて体内に入り、12〜24時間で神経症状が現れ、嘔吐、腹痛、

感覚障害、運動障害が起こります。重い症状の場合ではけいれんを起こし、呼吸困難や循環障害で死亡することもあります。大量摂取により頭髪が束になって抜ける症状が5日〜2週間ほどで現れます。体内ではカリウムとよく似た動きをし、神経や肝臓、心筋のミトコンドリアで、カリウムの働きを妨害するため中毒作用を起こします。また酵素の働きを失わせてタンパク質やケラチンの合成をできなくし、ビタミンB_2と結合して妨害するために、脱毛や神経炎などが起こるのです。タリウムは尿や便で排泄されるため、尿や便中の検査で中毒原因であることが突き止められます。中毒を起こした場合は、胃洗浄や下剤の投与、カリウムの投与や血液透析などを行います。

●最新医療で使われる放射性タリウム

危険なイメージのあるタリウムですが、医療現場で病気の診断に使われていることをご存じですか？ 放射性の塩化タリウムは注射液として供給されており、体内からの放射線を特別なカメラを使って撮影し、心臓疾患や脳腫瘍、副甲状腺疾患の診断に用いられています。放射性の塩化タリウムに含まれるタリウムは約$2\mu g$以下とごく微量のため、中毒症状は現れないのです。

写真 頭部X線CT画像と放射性塩化タリウムによる腫瘍シンチグラフィー

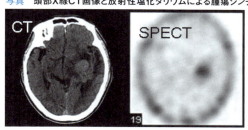

（提供：京都大学病院 栗原研輔氏）

ヒ素は愚者の毒物、未来を担う存在

執筆：山本文彦

　ヒ素は自然界に広く分布していて、人体内にもごく微量ですが存在するため、生存に必要な元素であると考えられています。しかしながら、毒物事件や公害のように深刻な中毒問題をも起こしています。

　海外でも地下水汚染など古くからヒ素中毒が問題になっている国もあり、問題は広範囲におよんでいます。昔から「毒といえばヒ素」というくらい毒物の代名詞となっていて、推理小説や演劇のシーンなどでもおなじみですし、戦時中は有機ヒ素化合物が毒ガス兵器として使用されたことがあり、その分解物が井戸水から検出され、健康被害が報告された例もあります。

●もっとも怖いのは亜ヒ酸塩

　ヒ素の毒性は有機ヒ素よりも無機ヒ素のほうが強く、その中でももっとも強いのが亜ヒ酸塩です。急性中毒は服用後数十分から数時間で現れ、下痢や嘔吐、全身けいれんで死にいたることもあります。慢性中毒は、皮膚に発疹や炎症を生じて重症化したり、知覚障害や運動障害を引き起こします。体内で亜ヒ酸に変化すると、タンパク質のチオール（SH）基にもっとも結合しやすい形になります。酵素など多くのタンパク質はヒ素がSH基に結合すると正常な機能を失い、発がんや死亡の原因にもなるのです。

　一方で、ヒ素中毒は解毒薬が知られている、数少ない中毒の1つです。特にジメルカプロールは有名で、ヒ素を捕まえるような働きをします。

● 検出が容易

 ヒ素は検出が容易なので「愚者の毒物」といわれています。特に毛髪や爪に残留しやすいので、毛髪1本もあればすぐヒ素中毒だとわかるのです。あのナポレオン皇帝にも、長いあいだ保管されていた毛髪の分析からヒ素による暗殺説が浮上しているほどです。現在はヒ素化合物の入手が困難なので、悪用すればすぐ犯人検挙につながります。

● 現代社会に欠かせないヒ素

 ヒ素は毒であるばかりでなく、生活に欠かせない存在でもあります。電子の流れが速い素材として、シリコンに微量のヒ素を添加してつくられる半導体が、携帯電話やパソコンに使われています。ガリウムとヒ素でつくった半導体膜を利用して、太陽光発電の能力を2倍以上に高める技術を開発するといった研究も報告されています。ヒ素は、再生可能エネルギーの技術分野でも注目を集めている元素なのです。

表　ヒ素化合物の例

	亜ヒ酸	ヒ酸
無機ヒ素化合物	HO–As(OH)–OH	O=As(OH)(OH)–OH
	トリフェニルアルシン	カコジル酸
有機ヒ素化合物	(C6H5)3As	(CH3)2As(=O)OH

あとを絶たぬ硫化水素中毒事故

執筆：一色健司

　いわゆる「温泉の硫黄の臭い」が硫化水素の臭いです。自然界では、火山や温泉から噴出するガスに含まれています。また、学校の化学実験では比較的なじみのある気体。硫化水素の毒作用は表に示した通りで、少量でも不快感や刺激をともなうこと、高濃度では致死性が高いこと、吸引し続けると臭い慣れして気づかないうちに大量吸引してしまうことが特徴です。

● 硫化水素中毒事故は起こり続ける

　硫化水素は下水管や汚物タンクなど多量の有機物がたまっている場所で大量発生しやすく、空気よりも重く水に溶けにくいため密閉空間に滞留します。また、硫化水素を大量に含む汚泥をかき混ぜると、密閉空間に一度に大量に放出されます。このような場所での硫化水素中毒事件が、毎年数件程度は発生し、数人の死者をだしています。件数は多くありませんが、火山や温泉から噴出した硫化水素によって中毒死するという事故も発生しています（次項参照）。

● 硫化水素の認知率は意外に高い

　硫化水素による自殺は2007年ごろから急増しました。なぜ、そのころになって急に多く使われるようになったのでしょうか。おそらく、インターネットを通じて、家庭用品として売られているものだけで簡単に発生させる方法が広く知られてしまったこと、自殺成功率が高いと思われたことによるものでしょう。一般家庭の浴室の体積は数 m^3 ですので、浴室内で硫化水素を 10 g 弱発生

させるだけで致死濃度0.1％に達します。このため、警察庁は2008年4月30日に、硫化水素ガスの製造方法を教示して製造や利用を誘引する情報は有害情報であり、適切に取り扱うよう、プロバイダに対する通知をだしています。

● **硫化水素の異臭がしたら**

硫化水素自殺では、自殺者を救出するために現場に入った人が巻き添えで中毒になったり、発生現場周辺に異臭騒ぎが巻き起こされたりして、関係者や周辺住民に大きな被害を与えることが多く、社会的にも注目を集めました。巻き添え被害にあわないようにするには、硫化水素の臭いがし続けたら、発生源にむやみに近寄らないこと、室内にいて外から臭った場合は窓を閉めて換気を止めること、そしてすぐに消防に連絡することが重要でしょう。

表 硫化水素の毒作用

濃度（単位：ppm）	作用
0.02〜0.2	悪臭防止法にもとづく大気中濃度規制値。
0.3	誰でも臭いを感じる。
3〜5	不快に感じる。
10	労働安全衛生法による許容濃度（眼の粘膜の刺激下限）。
20〜30	慣れで濃度が増えても強さを感じなくなる。
50	結膜炎など眼に対する障害が発生。
100〜300	嗅覚麻痺。
170〜300	気道粘膜の痛み。
350〜400	約1時間で生命の危険。
800〜900	意識喪失、呼吸停止、死亡。
5000(=0.5％)	即死。

出典：中央労働災害防止協会「新酸素欠乏危険作業主任者テキスト」より抜粋、一部改変
http://www.mlit.go.jp/common/000109958.pdf

登山では火山ガス中毒にも注意

執筆：貝沼関志

　最近は中高年者の登山ブームで、悪天候に巻き込まれるといった事故が目立ちますが、火山ガスにも注意して登山を楽しんでほしいと思います。

　2010年6月、青森県・八甲田山の中腹にある酸ケ湯(すかゆ)温泉近くの山の中で、山菜とりに入った女子中学生が倒れているのを同行していた人が見つけ、消防に通報しました。女子中学生は亡くなり、近くにいた小学生を含む男女3人が異常を訴えて病院に運ばれました。現場近くでは臭いがしたということで、火山ガスが原因だと見られています。

　八甲田山系では、上記の13年前の1997年7月にも、訓練中の自衛隊員1人が火山ガスのたまった穴に転落し、それを助けようとした隊員も次々に倒れました。3人が死亡し、19人が手当てを受けています。

　ほかにも、北海道から沖縄県まで、さまざまなところで火山ガスは観測されています。

● 火山ガスはなぜ危険か

　火山ガスとは、火山の噴気孔から噴出するガスのことで、水蒸気や二酸化炭素のほかに、硫化水素、塩化水素、二酸化硫黄などの、人体に有毒なガスが含まれています。

　硫化水素はごく少量でも腐卵臭として感じることができ、濃度が50 ppmを超えると眼や気道に強い刺激があり、さらに濃度が上がると意識混濁や呼吸困難などの原因になります（前項参照）。

　二酸化炭素は皆さんよくご存じ、空気中に含まれる気体で、

その濃度は約0.04％です。この濃度なら直接人体に影響をおよぼさないのですが、10％の状態で吸入すると、視覚障害や震えが生じ、30％になると意識が消失します。二酸化炭素自体の毒性と、それにともなう酸素不足が原因です。

一方、塩化水素や二酸化硫黄は、刺激臭があるため、その存在に気づきやすいでしょう。ただし毒性は強く、十分な警戒が必要です。

●たまりやすいところは？

火山ガスの多くは常温で空気より重いため、窪地に入り込むとどんどんたまってきます。谷はガスが移動する通路となり、谷幅が狭いところほどガスの層が厚くなります。風が非常に弱いところも要注意です。地形にもよりますが、気温より地表面全体の温度が低ければ下に流れやすく、高ければ上昇して拡散しやすくなるでしょう。

噴気口では顔を入れて臭いを嗅いでみたくなるかもしれませんが、大変危険です。吸引して倒れてしまったら、すぐに新鮮な空気のところに移し、100％酸素の投与や人工呼吸を行う必要があります。

活火山の周辺には温泉があったり、起伏に富んだ風景が広がっていたりしているので、活火山は登山客や観光客に人気があります。火山は恩恵が大きいのですが、場合によっては、その風景の中に危険が潜んでいることに注意が必要です。

火山ガス情報を気象庁や地元機関のサイト、現地の登山者向け看板などでよく確認し、安全とされる登山道以外には立ち入らないようにしましょう。

特に多発する「急性一酸化炭素中毒」

執筆：貝沼関志

　急性一酸化炭素中毒は、わが国の中毒死亡原因で特に多いものの1つです。火災現場や室内暖房機での不完全燃焼、木炭コンロの使用、労働災害は以前から多くありました。加えて近年では、「インターネット上の情報を見て、ワンボックスカーなどの密閉した空間で練炭を燃焼させて自殺する」といったケースが多発。酸素が不十分な状態で、炭素または炭素化合物が燃えたときに一酸化炭素は発生します。

●一酸化炭素の濃度に注意

　空気中の一酸化炭素濃度は1～10 ppm程度ですが、4000 ppm（0.4 %）に増えると人は30分で死亡してしまいます。一方、石油製品の不完全燃焼ででる一酸化炭素は約5 %です。閉め切った部屋での不完全燃焼がいかに危険か、おわかりでしょう。自動車の排気ガスには1～7 %の一酸化炭素が含まれ、火災現場の一酸化炭素濃度は10 %に達することもあるので、これらの危険性は容易に想像できます。しかし、これでも空気中の酸素濃度（20.9 %）に比べると低いですね。なのに、なぜ毒性が強いのでしょうか。

●人体にとって有害である理由

　それは、一酸化炭素は血液中のヘモグロビンと結合する力が酸素の250倍と強いため、ヘモグロビンにくっついていた酸素が一酸化炭素によって押しのけられてしまうからです。こうして血液中で、一酸化炭素と結合したヘモグロビン（CO-Hb）が増えていき、50 %を超えると意識が薄らいでけいれんが起こったり、呼吸が

停止したりします。吸入した一酸化炭素の濃度が0.08％でもこの段階に達します。

このようにくっつきやすい一酸化炭素とヘモグロビンですが、一酸化炭素を吸入してすぐCO-Hbが急増するわけではありません。頭痛、倦怠感、めまいなどの症状に早めに気づいて空気を入れ替えることが大事です。一酸化炭素の比重は、空気を1としたとき0.97と空気に近いので、換気をすれば多くが発生した場所から拡散されていきます。一酸化炭素中毒で昏睡状態になっている人を見たら、すぐ119番に電話するとともに蘇生術を施すのが定石です。その後、救急車や病院で処置が行われますが、高濃度の一酸化炭素にさらされていた時間が短ければ、助かる可能性がでてきます。

図 **毒劇物などによる事故の内訳**

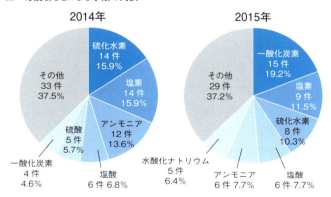

※毒劇物などによる事故で消防機関が出場したもので、自損行為に起因するものを除く。
出典：消防庁危険物保安室「平成26年中の都市ガス、液化石油ガス及び毒劇物等による事故に関する統計表」および「平成27年中の都市ガス、液化石油ガス及び毒劇物等による事故に関する統計表」より抜粋・構成
http://www.fdma.go.jp/concern/law/tuchi2707/pdf/270731_ki178.pdf
http://www.fdma.go.jp/concern/law/tuchi2808/pdf/280825_ki160.pdf

「まぜるな危険」は塩素ガスの警告

執筆：大庭義史

　漂白剤は、衣類や食器を漂白・除菌するためによく利用されています。漂白剤には、おもに塩素系と酸素系があります。このうち塩素系漂白剤は特に強力で、台所用なら殺菌や茶しぶ取り、衣類用なら白物の黄ばみ取り、浴室用ならカビ取り、トイレ用なら除菌、除臭、強力洗浄などに使われています。いずれも「まぜるな危険」と表示されていますが、なにと混ぜると危険なのでしょうか。また、どのような危険があるのでしょうか。

●こんなときが危ない

　漂白剤には洗剤の効果がないので、トイレやお風呂の掃除といった場面で、漂白剤と洗剤がいっしょに使われることがあります。このとき、塩素系漂白剤と酸性洗剤を併用すると塩素ガスが発生します。塩素ガスは、塩素系漂白剤の次亜塩素酸ナトリウムと、酸性洗剤に含まれる水素イオンが反応することにより発生します。この塩素ガスは、特有の臭いをもつ黄緑色の気体で、水道水やプールの殺菌・消毒に用いられている一方、高濃度の塩素ガスを吸引したり触れたりすると皮膚、眼や呼吸器などの粘膜を刺激して、せきや嘔吐、さらに重大な場合には死にいたることもあります。

　なお、塩素系漂白剤と混ぜてはいけないのは、酸性洗剤だけではありません。食酢やレモン汁などの酸性の物質・溶液でも、同様に塩素ガスを発生するので注意が必要です。

　また、パイプのつまり取り剤などで次亜塩素酸ナトリウムを含むものには、「まぜるな危険」の表示が見られます。同様に注意が必要です。

シックハウス症候群とは？

執筆：中山榮子

　居住空間に由来するさまざまな汚染物質が原因となって生じる健康被害を総称して「シックハウス症候群」と呼びます。省エネを目的として住宅の高気密化や高断熱化が進み、以前ほど換気がなされなくなり、そしてさまざまな化学物質を溶剤や接着剤として利用した新建材や工法が使われるようになったため、この言葉が使われるようになりました。住宅だけでなく、学校やオフィスといった空間でも問題となっており、欧米ではシックビルディングシンドローム（SBS）と呼ばれています。

● 症状、原因例、対策は？

　シックハウス症候群の原因となる物質は、化学物質過敏症や低濃度中毒症状を引き起こすほか、すでに存在する疾患に対して増悪因子（悪化要因）として働くことも懸念されています。原因も症状もさまざまで、発症のメカニズムなども未解明な部分が多く、不定愁訴や更年期障害などとの区別も難しいといわれています。

　ホルムアルデヒドに代表される、建材から揮発する化学物質、家具・じゅうたん・カーテンなどの難燃材や接着剤などから揮発する化学物質、ダニ・カビなど生物由来の物質のほか、化粧品・防虫剤といった日用品が原因となることもあります。

　国による対策としては、2003年改正の建築基準法および同施行令があります。この改正にともない、JISおよびJASで規定されていた、建材から放散されるホルムアルデヒドの等級表示も変更となりました。私たちにできるもっとも簡単な方策は「こまめな換気」、そして、原因となる物質が含まれる製品を選ばないことです。

化学物質過敏症

執筆：中山榮子

　化学物質過敏症（CS）について、北里大学医学部の石川 哲名誉教授らは「特定の化学物質に接触し続けていると、のちにわずかなその化学物質に接触するだけで、頭痛などの症状が発症する状態」と定義しています。またその原因としては、「過去に多量の化学物質に曝露(ばくろ)されたことで、体の耐性限界を超えてしまったこと。ただ原因となる物質は、特定の物質ではなく、すべての化学物質が原因となる可能性を有している」としています。

　似たものにシックハウス症候群（前項参照）がありますが、こちらは建材や内装材から揮発した有機化合物を原因とする、健康被害の総称です。化学物質過敏症は、特に発生源を限定しません。

● おもな症状

　発汗異常・手足の冷えなどの自律神経系症状、不眠・不安・うつ状態などの精神症状、運動障害・知覚異常などの末梢(まっしょう)神経系症状、のどの痛み・乾きなどの気道系症状、下痢・便秘・悪心などの消化器系症状、結膜の刺激症状などの眼科系症状、心悸(しんき)亢進(こうしん)などの循環器系症状、皮膚炎・ぜんそく・自己免疫疾患などの免疫系症状などが挙げられます。

● 対処方法

　化学物質過敏症については未解明の部分も多いのですが、まずは、原因となる化学物質について、体が取り込む総量を減らすことが肝要です。身のまわりにあったらできるだけ早く処分する、必要のない化学物質をできるだけ身のまわりに置かない、家具な

どを購入する際は用いられている接着剤や塗料をチェックする、といったことは、個人でも可能でしょう。換気や清掃も効果的で、室内に風の道をつくっておくとよいでしょう。汚染物質を吸着・分解する機能をもつ壁材や空気清浄材などの開発も進んでいます。

● 全部が本当に化学物質過敏症なのか？

2003年、厚生労働省は有識者からなる「室内空気質健康影響研究会」を開き、化学物質過敏症について見解を整理しています。そこで「既存のアレルギーなどで説明できて、化学物質の関与が明確ではないにも関わらず、化学物質過敏症と診断されているものがある」と指摘し、検査法の開発などを期待するとしました。

2004年2月、環境省は化学物質過敏症について、二重盲検法による疫学調査を行ってきた結果を「本態性多種化学物質過敏状態の調査研究報告書」として発表しました。「いわゆる化学物質過敏症患者において、指針値の半分以下というごく微量のホルムアルデヒドの曝露と症状の発現との間に関連性は認められなかった。このことから、いわゆる化学物質過敏症の中には、化学物質以外の原因（ダニやカビ、心因等）による病態が含まれていることが推察された」としつつ、動物実験の結果から微量の化学物質による影響は否定できず、さらなる研究が必要だと結んでいます。

表　原因となる化学物質の例

物質名	おもな用途
ホルムアルデヒド	合板などの合成樹脂・接着剤、防腐剤
クロルピリホス	有機リン系シロアリ駆除剤
トルエン	接着剤や塗料などの溶剤
フタル酸類	塗料・壁紙などの可塑剤、防ダニ剤ほか
リン酸トリブチルなど	カーテンなどの難燃剤、溶剤、可塑剤、消泡剤ほか

農薬は誤用に注意すべし

執筆：和田重雄

　私たちの身のまわりには、体にさまざまな働きかけをする物質があります。中には、ヒトに害を与えてしまうものもあります。野菜や果物などを育てるのに使用されている農薬は、どういったもので、現実に私たちの生活に対してどのような影響をおよぼしているのでしょうか。

　食用の野菜や果物を育てる過程で、農薬が使われることは少なくありません。農薬には、殺虫剤、殺菌剤、除草剤、殺そ剤（ネズミ駆除の薬）などがあります。それらは、結局は、細菌などの微生物も含めた生物の生育を阻害したり、殺したりするものです。私たち人間も生物ですので、毒性の影響がでる可能性がないわけではありません。

● 農薬中毒と安全性評価

　事実、昭和40年代まではかなり農薬中毒が起こっていました。その後、毒性の低い農薬が使われるようになるなどして、農作業にともなう農薬中毒患者数は大幅に減っていきました。現在使用が許可されている農薬は農薬取締法にもとづき、農薬の使用者に対する安全性（急性的な中毒の可能性）、農作物に対する安全性（成長や品質への影響）、農作物そのものの安全性（人の健康に対する影響）、環境に対する安全性（土壌、水などの環境や生態系への影響）などの観点で安全性評価が行われたものです。特に、人体への影響についてはさまざまな観点から試験が行われ、残留農薬による発がん性試験や、胎児への影響（催奇形性試験）などを考慮して、安全性の高いものだけ使用が認められています。

● 使用する理由は？

ところで、そもそも農作物を育てる上で農薬は本当に必要なのか、と疑問をもっている方も少なくないでしょう。

特定の作物を人為的な環境で単一的に栽培していると、病害虫や雑草が発生しやすくなり、なにも手をかけないと品質が維持できなくなってしまいます。たとえば、虫に食われたキャベツなどは購入を控えますよね。

その病害虫や不快害虫、雑草を防除するために、簡便かつ経済的なものが農薬なのです。また、除草などの農作業の負担を減らし、生産性を上げるためにも有効です。虫に食われる野菜は、農薬などが使われていない安全な証拠と考えるべきなのですが、店頭に並べたり、レストランで提供する食事に使ったりするのには適していないといえます。

農薬が原因で人が亡くなっているというデータは、いまでもあります。ですが、その多くが自殺や原液の誤飲によるものです。農薬散布中の死亡事故は近年ほとんど起こっておらず、中毒事故の件数も、誤飲や誤食が原因とされるものを下回ります。

表　農薬による中毒事故の例

● 農薬がペットボトル（または水筒）に移しかえられていたため、誤飲した。
● 農薬を冷蔵庫に保管していたため、飲料と間違えた。
● 認知症の人が、農薬を飲料と間違えた。
● 土壌くん蒸剤を使用し、被覆しなかったため（または被覆していても気温が高くなったなどの原因により）、揮発して漏洩し、近隣住民が体調不良を訴えた。

➡ 農業現場でもそれ以外でも、作業や管理には厳重な注意が必要。飲食物と分け、施錠できる場所に保管する。

出典：農林水産省「農薬の使用に伴う事故及び被害の発生状況について」(平成26年度)より抜粋・構成
http://www.maff.go.jp/j/nouyaku/n_topics/h20higai_zyokyo.html

カビ毒と強力な発がん性物質

執筆：保谷彰彦

　身のまわりのいたるところに存在するカビは、キノコと同じ菌類に分類されます。食品や医薬品に利用されるカビが存在する一方で、カビがつくる物質の中にはヒトや動物に対して有毒物質として働くものがあり、カビ毒あるいはマイコトキシンと呼ばれています。

●恐ろしいアフラトキシン

　カビ毒は300種類以上あるといわれ、中でもその危険性がよく報じられるのは、アフラトキシンです。コウジカビの仲間の*Aspergillus flavus*、*A. parasiticus* および*A. nomius* がつくるカビ毒で、天然物由来の強い発がん性物質として知られています。1960年にイギリスのイングランド地方で春から夏にかけて、10万羽以上の七面鳥が死亡しましたが、その原因物質がアフラトキシンであったことから注目されるようになりました。ケニアでは、2004年にアフラトキシン中毒が発生し、300人以上に黄疸などの症状が現れ、125人が死亡したといわれています。少量を長期間摂取した場合の慢性毒性としては、原発性肝がんの可能性が高くなると報告されています。

　アフラトキシンには少なくとも10数種類の化合物が存在しています。毒性の面から、アフラトキシンB_1、B_2、G_1、G_2、M_1、M_2には特に注意が必要です。中でもアフラトキシンB_1は非常に毒性が強く、DNAに結合して変異や複製阻害を引き起こし、がん化の原因となります。アフラトキシンを大量に摂取すると、ヒトや動物では急性の肝障害を生じることが知られています。おもな

症状は、黄疸、急性腹水症、高血圧、昏睡などです。

● なにに含まれているのか？

　日本では以前、アフラトキシンB_1が$10\ \mu g/kg$を超えて検出された食品を、規制の対象としていました。しかし現在の食品衛生法では、国際的な動向も踏まえて、「全ての食品から総アフラトキシン（$B_1 + B_2 + G_1 + G_2$の合算）が$10\ \mu g/kg$を超えてはならない」と定められています。

　アフラトキシンは、ピーナッツ、トウモロコシ、ハトムギ、そば粉、ナツメグ、白コショウ、ピスタチオナッツ、ドライフルーツ、ナチュラルチーズなど、多くの食品から検出されています。世界的に見て、農産物への汚染が多く発生しています。また、チーズの場合、アフラトキシンB_1に汚染された飼料を乳牛が摂取し、体内でB_1が代謝されてM_1となり、それを含んだ牛乳からつくられるというケースもあります。

　アフラトキシンを産生する菌株の分布には、地域的な偏りがあると考えられています。それは、アフラトキシンによる農産物汚染が南米、アフリカ、東南アジアで多く発生しているのに対して、日本やヨーロッパ北部ではほとんど発生していないからです。その分布域は、年平均気温が16℃よりも暖かい地域であるという報告もあります。

　ともあれ、家庭での分解・除去は困難ですから、カビたナッツなどがあったとしても、食べないほうが賢明です。この点においては、ほかの食品に含まれる、あらゆるカビ毒についても同じことがいえます。

キノコの有毒成分と判別の難しさ

執筆：保谷彰彦

　日本には名前がつけられているキノコが3000種ほど分布しています。このうち、なんらかの毒性をもつ毒キノコは300種ほど。食べれば死にいたるような猛毒のキノコは30種ほどです。まだ名前のついていないキノコを含めると、日本には5000〜1万種のキノコがいると推定されています。このため、新たな毒キノコが発見される可能性もあります。

　毒キノコにはさまざまな迷信があります（右頁表参照）。残念なことに、毒キノコを簡単に見分ける方法はありません。専門家の力を借りて、1つひとつ丁寧に覚えていくしかないのです。

● 中毒が頻発するのはこの3種類

　中毒が多い毒キノコはツキヨタケ、クサウラベニタケ、カキシメジです。この3種で日本のキノコ中毒の60％ほどを占めます。

　ツキヨタケは、ブナやナラ、イタヤカエデなどの枯れ木に群生し、形や色がシイタケやヒラタケ、ムキタケなど食用として親しまれているキノコとよく似ています。ツキヨタケに含まれる有毒成分はイルジンS、イルジンM、ネオイルジンなどで、摂食すると短時間で嘔吐や下痢などの消化器系の症状を引き起こします。

　クサウラベニタケは、ウラベニホテイシメジという食用キノコと形が似ているだけでなく、ちょうど同じ時期に同じような環境に生えているためによく誤食され、食中毒が発生します。クサウラベニタケには、コリン、ムスカリン、ムスカリジンなどの有毒成分が含まれ、嘔吐や下痢を起こします。

　カキシメジは見た目が地味です。そのためか、とてもおいしそ

うに見えますが、食べると胃腸系の症状を起こします。これら3種についで中毒が多いのは、テングタケやシビレタケ類、ドクササコ、ドクツルタケなどです。

● 死にいたる毒キノコ

1本で大人1人分の致死量をもつのがドクツルタケです。ドクツルタケの毒成分はアマトキシン類。これは細胞内で遺伝子の働きをストップさせる作用をもち、結果的に、タンパク質、つまり生命を維持するために必要な物質の合成を阻害するのです。手当てが十分になされなければ、やがて細胞が壊れ、肝臓はスポンジ状に変化し、死にいたります。アマトキシン類を含むキノコは、ほかにも多数あり、同様に十分な注意が必要です。

野生のキノコは安易に口にしないのが大原則です。もし食べて異変を感じたら、すぐに吐き戻して医師の診断を受けましょう。

表 キノコに関する迷信の例

×	「柄がたてに裂けるものは食べられる」	キノコの柄の部分はたてに裂ける性質があり、ほとんどの毒キノコもたてに裂ける。毒性の強いドクツルタケでも、その柄はたてに裂ける。
×	「地味な色をしたキノコは食べられる」	クサウラベニタケやツキヨタケ、カキシメジをはじめ、毒キノコのほとんどは地味な色をしている。一方、タマゴタケのように色が鮮やかで食べられるキノコもある。
×	「虫が食べているキノコは食べられる」	ツキヨタケやドクツルタケなどの毒キノコにも虫がつく。
×	「ナスといっしょに料理すれば食べられる」	ナスに解毒作用はなく、いっしょに調理しても中毒は起きる。また煮沸するお湯の熱で分解される有毒成分はほとんどない。
×	「干して乾燥すれば食べられる」	カキシメジやドクツルタケなど乾燥させても中毒になった事例はあり、乾燥しても有毒成分は分解されない。
×	「塩漬けにし、水洗いすると食べられる」	ほとんどの毒キノコでは効果がなく、塩漬けキノコでの中毒も起きている。

出典：東京都福祉保健局「食品衛生の窓」より抜粋・加筆
http://www.fukushihoken.metro.tokyo.jp/shokuhin/

トリカブトと「アコニチン」

執筆：保谷彰彦

　猛毒で知られるトリカブトは、キンポウゲ科トリカブト属の植物です。世界には300種ほど、日本には70種ほどが分布しています。トリカブト属の花は特徴的な形であるため、ほかの植物と見間違えることは考えにくいのですが、花のない時期は特に注意が必要です。というのも、その葉は同じキンポウゲ科のニリンソウと似ているのです。ニリンソウの葉は、山菜として親しまれています。トリカブトの葉をニリンソウの葉と誤って食べる中毒事故が発生するのは、このためです。

　トリカブトは、生薬としても利用されています。ただし、そのままでは毒性が強すぎるために、解毒処理されたものが使用されています。トリカブトは、毒にも薬にもなるというわけです。

●トリカブト中毒の症状

　トリカブトを摂取すると、脱力や全身倦怠感、口唇の痺れ、吐き気や嘔吐、動悸や胸苦などの初期症状がでることが知られています。軽い場合には心室性期外収縮など、重症になるとめまい、血圧低下、四肢麻痺、意識障害などを起こして、けいれんや呼吸不全にいたって死亡することもあります。

　トリカブト中毒の原因となる成分は、アルカロイド系のアコニチンです。アコニチンは、茎や葉、花にも存在しますが、特に根に多く含まれています。アコニチンが体内に取り込まれると、神経細胞のナトリウムポンプに結合します。すると、ナトリウムチャネルは開いたままの状態となり、ナトリウムイオンが神経細胞に流入し続けることになります。その結果、神経細胞の働きが失わ

れて、血圧の低下やけいれん、呼吸不全などを引き起こすのです。

● **アコニチンと犯罪**

　アコニチンを含むトリカブトは古くから致死的な有毒植物として知られ、チベット族やアイヌ族などでは矢毒に用いていたこともあったようです。物騒な話ですが、1986年にはアコニチンを使った殺人事件も起きています。ただし、この事件では、アコニチンだけでなく、フグ毒で知られるテトロドトキシンも使われたと報告されました。犯人は、両方の有毒物質を同時に服用させることで、毒の影響がでるまでに時間がかかるようにし、アリバイをつくろうとしたといいます。

　フグ毒で知られるテトロドトキシンは、アコニチンとは逆の作用、つまり神経細胞のナトリウムチャネルに選択的に結合して、チャネルが閉じたままの状態にする物質です。神経細胞へのナトリウムイオンの流入が止まってしまうために、神経伝達ができなくなり、麻痺や呼吸不全となります。

　それでは、テトロドトキシンとアコニチンを同時に摂取すると、体内ではどのようなことが起こるのでしょうか。どちらの物質も神経細胞のナトリウムチャネルに結合しますが、その作用はまったく反対のものです。このため、アコニチンとテトロドトキシンを同時に投与すれば、摂取直後は互いに効果を打ち消し合い、神経細胞は致命的な影響を受けないとされています。ところが、一定の時間が経過して、どちらかの作用が消えると、他方の物質が神経細胞に致命的な作用をおよぼすようになります。このとき死にいたる可能性が高くなるというわけです。その経緯が解明され、有罪が確定しました。

麻薬や覚醒剤など、薬物の現在

執筆：貝沼関志

　人間の心をとらえ、惑わせ、最後には廃人にしてしまう麻薬や覚醒剤。麻薬は「麻薬および向精神薬取締法」によって指定された薬物の総称です。これには、芥子（ケシ）由来のアルカロイドおよびそれらから合成される麻薬、コカの葉に含有されるアルカロイド、LSDなどの合成麻薬類が含まれます。また、覚醒剤は覚醒剤取締法で指定された薬物の総称です。これにはアンフェタミン、メタンフェタミンなどが含まれます。ほかに薬物依存性を生じる物質として、アヘンと大麻があり、それぞれあへん法と大麻取締法で規制されています。

● 依存性薬物乱用の弊害

　先に述べた薬物依存性とは、その快感のために薬物を常用するようになり、習慣になるだけでなく、次第に使用量も増え、やがて薬物なしでは生きられない体になってしまうということです。そうなると、使用を中止したときに、呼吸困難、知覚異常、精神錯乱などの身体的依存性を引き起こすことがあります。コカインでは特に、薬物を手に入れるためなら手段を選ばない、というような精神的依存性から、犯罪の原因になることもあります。

　また、麻薬を大量に服用したときは、意識障害、昏睡から呼吸が抑制され、直ちに救命救急処置を行わないと死にいたります。しかし一方で、麻薬はその強力な鎮痛作用とさらに陶酔感、多幸感をもたらすため、末期がん患者の痛みを軽くして、その生活の質を維持するのになくてはならない薬物となっており、世界保健機関（WHO）からもその積極的な投与がすすめられています。手

術の際の有用な麻酔薬としても用いられます。

　覚醒剤のほうは医薬品としての価値は事実上なく、その依存性の強さ、精神面への著しい有害性と長期にわたる後遺障害から、国際的にも厳しく規制されてきました。日本で乱用されているのはほとんどがメタンフェタミンで、国外で製造され密輸入されたものです。暴力団の大きな収入源となり、使用者による犯罪、事故が絶えないなど、覚醒剤の社会的害悪は著しいものがあります。

●新たな脅威「危険ドラッグ」

　「危険ドラッグ」とは、「麻薬取締法」や「覚せい剤取締法」の規制(すなわち化学構造式による規制)を逆手にとり、それゆえに「脱法」(つまり合法)と称されてきた依存性化学物質群です。使用による症状は多様で、原因不明の意識障害や不隠・けいれん患者の中に、危険ドラッグ中毒患者がいる可能性がありますが、使用情報か薬物片がないかぎり、診断は難しい状況です。これらは成分側鎖が短時間で変えられていくため、従来の法的対応では、規制が追いつかない実態がありました。これを受け、国は医薬品医療機器等法(旧薬事法)上の「指定薬物」として新たな対応をはかり、2013年4月に「包括指定制度」を導入し、化学構造の一部が共通している物質群を包括的な網にとらえる新規制に踏み込みました。これにより、2012年12月には68種であった規制指定物質が2013年12月には1360種、2015年7月には2306種となりました。

　警察庁の発表(2015年3月5日)によれば、2014年に摘発した危険ドラッグ例は、規制対象が増えたこともあり、840名で前年の4.8倍に、使用が原因と見られる死亡も160名にのぼりました。危険ドラッグが一時的な流行で沈静化するか、第二の覚醒剤になって蔓延するか、予断を許さない状況になっています。

参考：須崎紳一郎ほか「違法薬物(麻薬・覚醒剤・危険ドラッグ)規制と警察対応について」
(『救急医学39』pp.835〜840、2015年)

タバコは「毒物の缶詰」

執筆：小川智久

　タバコを一服した場合、その煙の中に含まれる化学物質は、同定されているものだけでも4,000種あります（推定では数万～十万種以上）。後述する3つの成分のほか、ベンゼン、1,3-ブタジエン、ベンツピレン、4-（メチルニトロソアミノ）-1-（3-ピリジル）-1-ブタノンといった発がん性物質など、200種類を超えるものが有害成分であり、その多くについて許容範囲を超えるリスクが含まれることがわかっています。それゆえ、タバコは毒物の缶詰と呼ばれているのです。

　また、喫煙本数が増えるにつれて、肺がん死亡率は指数関数的に増加します。特に能動喫煙は、飲酒や自動車の利用といった死因となりうる活動の中でも、死亡リスクが高いとされています。受動喫煙によっても、肺がん、心血管疾患、呼吸器疾患、乳幼児突然死などが引き起こされることがわかっており、タバコを吸っている人だけの問題ではないのです。

● 特に問題となる3成分

　「ニコチン」「タール」「一酸化炭素」は、タバコの主要な有毒成分であり、前二者は、国際標準化機構（ISO）が定めた方法で測定・表示する義務があります。カナダでは、加えて一酸化炭素の表示も義務づけられています。

　ニコチンは、ニコチン性アセチルコリン受容体を介して、その薬理作用により毛細血管を収縮、血圧を上昇させ、縮瞳、悪心、嘔吐、下痢などを引き起こします。また、頭痛、心臓障害、不眠などの中毒症状、過量投与では嘔吐、意識障害、けいれんを起こ

します。その急性致死量は、乳幼児で10〜20 mg（タバコ0.5〜1本）、成人では40〜60 mg（2〜3本）です。特に、乳幼児のタバコの誤食や、吸い殻を入れた缶ジュース（コーヒー）を間違って飲むなどのタバコの誤食・誤飲にともなう急性毒性の多くは、ニコチンによるものです。また、タバコの常用により生じる依存性は、ニコチンによるドパミン（ドーパミン）中枢神経系の興奮（脱抑制）に起因するものです。

一方、タールは、タバコ煙の粒子相の総称でいわゆるヤニですが、喫煙によりタバコの葉に含まれている有機物質が熱分解され、発生します。この中には、ニコチンのほか、種々の発がん性物質、発がん促進物質、その他の有害物質が含まれます。

最後に一酸化炭素は、赤血球中のヘモグロビンと結びついて、酸素の運搬を妨害するため、慢性的に脳細胞や全身の細胞の酸素欠乏状態をもたらします。また、ニコチンの血管収縮作用と相まって、冠状動脈や脳血管の動脈硬化を促進するのです。

このように、タバコに含まれる成分の多くは毒物なのです。

参考：厚生労働省「最新たばこ情報」
http://www.health-net.or.jp/tobacco/front.html

写真　**タバコの煙には多くの有毒成分が含まれる**

column

子どもの誤飲事故、そのときどうしたら？

執筆：貝沼関志

　子どもが「はいはい」や「伝い歩き」をするようになると、手に触れたものをなんでも口に入れるようになります。家庭内には洗剤、化粧品、乾燥剤、殺虫剤、医薬品、園芸用品、タバコなどの化学物質があふれています。これらはすべて中毒事故を引き起こす原因となる物質です。もしなにか誤飲したようなら、日本中毒情報センターに問い合わせてみるのも1つの方法です。大阪とつくばに、一般向けのダイヤル[※]が用意されており、通話料にて利用できます。

　食道に入った場合、のどの奥の狭くなっている部分につかえてしまって全身麻酔で取りだすこともあります。食道から胃まで落ちればほとんど便とともにでてきますが、ボタン型電池のように、食道や胃に穴を開けるものもあります。なにがどこにつかえているか、早急に病院で診てもらうことが大事です。

　気管に入った場合、緊急処置や119番通報が必要になります。とりわけ、子どもが呼吸できない場合は、救急車到着までにどのような救急処置をするかが生死を分けることになりますので、救急蘇生の講習会などで実際の手技の訓練をしておくことも大切です。

　こうしたことにならないためにもっとも大事なことは、目安として、トイレットペーパーの芯を通過する大きさのものすべてを絶対に子どものまわりに置かない、ということです。

[※]2016年9月現在、日本中毒情報センターの公式サイト（http://www.j-poison-ic.or.jp/）に掲載されている。一般向けのほかに医療機関専用の電話番号もあり、そちらには別途情報料が発生する。取り扱う対象や、事前に必要な情報なども紹介されているので、確認を。

第 2 章
環境問題・対策と化学物質

拡散するPCB、DDTなどの影響

執筆：保谷彰彦

　かつて私たちの暮らしに大きな利益をもたらした物質が、その安全性をめぐって大きな社会問題となることがあります。そのような物質の代表例として、PCBやDDTなどの有機塩素化合物を紹介しましょう。

　PCB（polychlorinated biphenyl、ポリ塩化ビフェニル）は、単一の化合物ではなく、ベンゼン環が2つ結合したビフェニルの塩素化同族体の混合物です。

　水に溶けにくい、電気の絶縁性がよい、燃えにくいといった性質を備えており、耐熱性や耐薬品性にもすぐれていて、きわめて安定した物質です。そのためPCBは、電気変圧器、コンデンサー、熱媒体などに利用されてきました。一方、DDTは殺虫剤として使われてきた物質です。

● 1970年代以降、規制の対象に

　これらの有機塩素化合物は、人体に与える影響が危惧されるようになり、1970年代以降、規制の対象となりました。1974年にはPCBの使用が禁止され、大量のPCBが回収、保管されています。しかし、その化学的な安定性ゆえに、いまも有効な分解方法が見つかっていません。こうした流れを受けて、2004年5月17日には「残留性有機汚染物質（Persistent Organic Pollutants：POPs）に関するストックホルム条約」（POPs条約）が発効されました。

　現在、PCBやDDT、ディルドリン、アルドリン、ダイオキシンなど12種類の有機塩素化合物（群）がPOPsとして指定されています。マラリア対策で一部地域での使用が認められているDDTを

除けば、ほとんどの国々でPOPsは使用が禁止され、製造も中止されています。

●どのように危険が広がるのか

POPsは、生物に対する毒性が強い、分解されにくい、生物濃縮されやすいなどの性質をもちます。たとえば、海に流れ込んだPOPsは、プランクトンに取り込まれ、それを餌にする魚に蓄積されます。食物連鎖により有害物質が蓄積する生物濃縮が生じるために、生態系の上位にある動物にはPOPsが高濃度に蓄積されていきます。

さらにPOPsは、発生源から遠く離れた、過去に使用実績のない高緯度地域からも高濃度で検出されています。まさに地球規模での拡散がいまも進行しているのです。いったい、どのようなメカニズムで拡散しているのでしょうか。

POPsは低緯度地域で容易に気化し、大気の流れにのって、より高緯度の地域へと運ばれます。そして高緯度地域では、寒冷な気候により冷やされて、地表面へと降り注ぐのです。高温な低緯度地域から低温な高緯度地域や高山地帯へと、化合物の移動が生じます。まるでバッタが飛びはねるように、POPsが広範囲に拡散する現象は、「バッタ効果」と呼ばれています。

POPsは、揮発性有機化合物や重金属類とともに、人体や生態系に悪影響を与える恐れがあります。一度環境中に放出されると、化学的安定性が高いために長期間にわたり環境中にとどまり、結果として人体や生態系に悪影響をおよぼし続けることになるのです。

ダイオキシン類は蓄積する

執筆：保谷彰彦

　有機塩素化合物の1つであるダイオキシン類は、PCBやDDTとともに人体への影響が心配されている物質です。ゴミを焼却する際などに環境中へ放出される、いわば意図せずに生みだされている有害物質です。

● 問題になりはじめたのは

　ダイオキシンに注目が集まるようになったのは、ベトナム戦争がもたらした悲劇的なできごとからでした。

　1961年、米軍はベトナムの森林に除草剤を散布しはじめました。それは、視界をさえぎる森林を枯らし、南ベトナム解放民族戦線の拠点にダメージを与えるための軍事作戦の一環だったのです。その後もおよそ10年間にわたり、大量の除草剤が散布され続けました。

　このときに使われた除草剤の主成分は、植物の成長ホルモンと似た働きをする物質でした。しかし、その製造過程で副生成物としてダイオキシンの一種、2,3,7,8-TCDDが合成され、除草剤に混入していたのです。この物質は、胎児への影響が強く、生まれてくる子どもたちに大きな障害をもたらすことになりました。

　2,3,7,8-TCDDを含め、ダイオキシン類は分解されにくく、脂溶性が高いため体内に蓄積しやすい傾向があります。さらには物理化学的に安定しているため、長期にわたり、土壌などに残ってしまうことがわかっています。ベトナムでは、今日でも環境中に残っており、健康被害が続いているともいわれています。

●ダイオキシン類とはなにか

ダイオキシンとはどのような物質なのでしょうか。その構造を見てみると、塩素をもつベンゼン環が2つあり、それらは酸素を介して結合しています。たくさんの種類があり、塩素の結合位置や数もさまざまで、毒性の強さが大きく異なります。

もっとも毒性が強いとされているのが、前述の2,3,7,8-TCDDです。動物実験などから、催奇形性や発がん性をもつことが報告されています。半数致死量(LD50)や毒性の現れ方は動物種によって異なります。微量で即死するような毒性はもちませんが、時間をかけて毒性が現れるのがダイオキシン類の特徴とされます。

このため、ダイオキシン類の毒性を考える場合には、少しずつ長期にわたって体内に取り込んだときの影響も研究していく必要性があるのかもしれません。ダイオキシン類は、生体内のさまざまなホルモン作用を阻害して、生殖や免疫などへ悪影響をおよぼす可能性が示されており、環境ホルモンの一種とされています。最近の研究では、野生動物は人間よりも高い濃度のダイオキシン類を蓄積していることが指摘されています。野生動物に蓄積したダイオキシン類が生態系やあるいは人体にどのような影響をおよぼすのか、私たちは長い目でとらえていく必要がありそうです。

図 2,3,7,8-TCDDの構造式

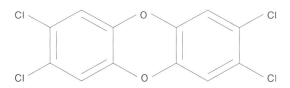

除染が難しい「トリクロロエチレン」

執筆:池田圭一

　人の活動は、自然環境にはなかったさまざまな有害物質を生みだしてきました。その多くは、かなりの量を環境中に放出してしまってから、発がん性や催奇形性といった毒性があることが判明しています。手遅れになってから対策がとられているのです。

●問題の有機塩素化合物はいくつも

　特に問題になっているのは「トリクロロエチレン」と「テトラクロロエチレン」、それに「トリクロロエタン」です。

　いずれも油を溶かすのにすぐれた性質があることから、工業分野ではメッキ処理や半導体工場で油分の洗浄剤として、身近なところではドライクリーニングの洗浄剤や殺虫剤の溶剤として利用されてきました。

　しかし、毒性をもっていることがわかり、いまから40年ほど前にトリクロロエチレンの使用が禁止され、代用品が使われるようになっています。また、トリクロロエタンは1996年に使用禁止となりました。とはいえ、それ以前に工場廃水などから環境中に大量に放出されてしまっていたのです。そして、テトラクロロエチレンは近年までドライクリーニングで使われ、廃棄にも厳格な規制がなかったことから、地下へ浸透させてしまったことも多いようです。

●土中に染み込み、ふたたび人間のところへ

　これらの汚染物質は自然環境ではほとんど分解しません。そのため、長い時間をかけて雨水とともに土中に染み込み、汚染か

ら数十年後たったいまになって地下水から検出されるようになっています。かぎられた範囲の土壌汚染であれば除去も可能ですが、地下水に達すると汚染が広範囲におよぶため、全域での除去は不可能です。現在、日本の生活用水はその21.0％を、農業用水はその5.3％を地下水に頼っているのですが、有毒物質が見つかって使えなくなった井戸も増えており、いまだ効果的な除染方法が見つからず問題となっているのです。

図　トリクロロエチレン、テトラクロロエチレン、1,1,1-トリクロロエタンの構造式（左から順に）

図　浸透と拡散のメカニズム

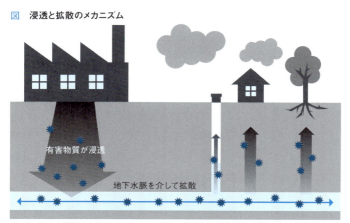

浅いところの土壌汚染ならばその場にとどまるが、地下水に汚染が達すると、その水脈を通って広域に汚染が拡散する。

土に還る生分解性プラスチック

執筆：和田重雄

　私たちの身のまわりのものは、さまざまな素材でつくられています。その中で、軽くて成形しやすく、種々の薬品などにも強い素材として利用されているのが、プラスチック（合成樹脂）です。耐薬品性が強いというのは長所ですが、それがあだとなり、廃棄物が残りやすいという短所にもなります。

●プラスチックの問題と対策

　大半のプラスチックは、石油・石炭からつくられたものであり、基本的に焼却によって廃棄されています。そのとき、大量の熱や二酸化炭素が発生するなど、地球環境によくない影響をおよぼします。

　そこで、燃焼させて廃棄するのではなく、微生物（細菌）によって分解させる生分解性プラスチック（グリーンプラ）が注目されています。従来のプラスチックと同等の機能を有しながらも、廃棄後、土中や水中などで微生物により分解され、最終的に影も形もなくなってしまうものです。

　1980年代にもっとも知られていたのは、イギリスで開発された「バイオポール（Biopol）」で、ドイツなどでも利用されました。これは、ある種の細菌が植物デンプンから合成するポリエステル系のプラスチックで、廃棄後、土中や水中に置いておくと、早ければ数か月、長ければ数年で分解されるというものでした。

　日本でも複数のメーカーが生分解性プラスチックやその製品を開発しています。ごみ袋やレジ袋、食品容器、文具などで商品化が進んでおり、虫よけ剤の入れ物として採用した会社もあります。

一般消費者の中でも環境問題に対する意識が高まりつつありますが、コストなどの問題があり、国内での広い普及はこれからという状況です。

● **医療現場で期待されるものも**

最近医学の分野で注目されている生分解性プラスチックの一種に、ポリ乳酸があります。これは、体内でゆっくりと分解され、分解産物（乳酸）はそのまま体内で代謝されます。縫合糸や、手術後の体内での止血や接着、骨などの組織再構築時の一時的な足場などの材料として利用されはじめています。

プラスチックは、種々の機能をもたせることが可能な素材でもあり、私たちもさまざまな恩恵にあずかりました。今後は、廃棄後のことも考慮された生分解性プラスチックのような、環境に対する影響がより小さい、新しい素材についても知っておくべきでしょう。

写真　生分解性プラスチック商品の例

流出した原油はどうなったか？

執筆：滝澤 昇

　1997年1月、季節風にあおられたロシアのタンカー・ナホトカ号が日本海で座礁し、大量の原油が流出して山陰から北陸にかけての海岸に漂着しました。日本では最初の、広域にわたる原油による環境汚染事故でした。多くのボランティアや地元の人たちが、数か月にわたって、ひしゃくや吸着マットなどで原油を取り除こうと懸命に作業していた姿を覚えている方も多いでしょう。

　当時の努力にもかかわらず、回収されなかったものも少なくありませんでした。ところがその数年後に原油が漂着した海岸に立ってみても、その痕跡はほとんど見つかりません。

　あの残された原油はどこへ消えてしまったのでしょうか。実はバクテリアなどの目に見えない小さな生き物・微生物が、水や炭酸ガスにまで分解してくれたのです。土や水の中には原油のほかに農薬やPCB、トリクロロエチレンなどの有害な化合物を、少しずつですが分解してくれる微生物が生息しているのです。

●バイオ環境修復の研究が進む

　生物の力を借りて、人間が汚染した環境をきれいにしようというのが、バイオ環境修復（バイオレメディエーション）です。汚染場所に生息する微生物を元気つけるバイオスティミュレーション、強力な分解菌を注入するバイオオーグメンテーションがあります。

　バイオスティミュレーション技術がタンカーの原油流出事故の処理にはじめて利用されたのは、1989年にアラスカ沖で起きたバルディス号事故のときでした。このときは汚染された海に、微生物が生育するのに必要な窒素やリンなどを含む栄養塩類を散布し、

海中の石油成分分解微生物に栄養を与えて原油の分解を促進させました。また、1990年に起こったメキシコ湾での原油流出事故（メガボルグ号）の際にはバイオオーグメンテーションが使われ、原油分解微生物を何種類も集めてつくった製剤が汚染海域に投入され、成果をおさめました。現在米国ではこのような微生物製剤が、政府機関により油汚染処理剤としていくつか検定・認可されて販売されています。

ナホトカ号の事故をきっかけとして日本でもバイオ環境修復技術の開発が盛んとなり、国内やクウェートの汚染地で試みられ、成果をあげています。1999年春には環境庁（当時）からバイオレメディエーションを実施するためのガイドラインが示され、実用化が進んでいます。

近年、工場跡地などでは、化学物質による土壌や地下水の汚染状況を調べ、きれいにしなければ、売ったりマンションを建てたりできません。この技術はあちらこちらで使われているのです。

図　微生物による原油分解のイメージ

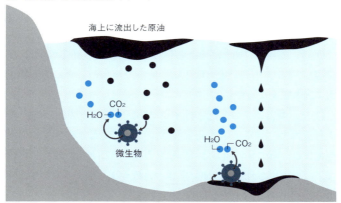

「光化学スモッグ」、悪玉としてのオゾン

執筆：藤村 陽

　気温が高く日差しの強い日に、光化学スモッグ注意報など（右頁表参照）が発令されることがあります。これは、「光化学オキシダント」という生物に有害な物質が大量に発生したときに出されます。このようなとき、白いモヤがかかったようになるため、光化学スモッグと呼ばれます。

　日本では、1970年代に健康被害が大きな問題になったあとに大気汚染が改善され、光化学スモッグの発生も減りました。しかし1990年代以降、注意報の発令件数が増え、発令地域も広がっています。

● 光化学オキシダントとは？

　光化学オキシダントは、ヒトの眼やのどを刺激し、大量に取り込むと呼吸困難や頭痛、意識障害を起こします。酸化力が強く化学的に反応しやすい「オキシダント」と呼ばれる物質のうち、太陽光を受けて（光化学反応によって）生じたものを指し、大部分はオゾン分子O_3です。

　O_3は、成層圏にあれば地上の生物を紫外線から守る善玉（次項参照）ですが、地表付近では生物の健康や植物の生育に悪影響をおよぼす悪玉なのです。

　O_3は、酸素原子Oと酸素分子O_2が出合うことで生じます。地表付近だと、酸素原子の発生源は、二酸化窒素分子NO_2の太陽光による分解です。NO_2は、自動車の排ガスなど化石燃料の燃焼によって排出されます。NO_2自体も毒性がありますが、より毒性の強いO_3を生じることが問題なのです。

● 光化学スモッグの発生メカニズム

　光化学スモッグのような大量のO_3発生は、NO_2に加えて炭化水素類の気体が存在することで起きます。

　炭化水素類の気体がOHラジカルやO_2などと反応してできた物質は、NO_2の光分解で生じた一酸化窒素NOをNO_2に戻すため、酸素原子の発生源が再生され、O_3が大量に発生するのです。炭化水素類も化石燃料の燃焼がおもな排出源です。化石燃料の燃焼で排出される物質からは、O_3以外の光化学オキシダントも生じます。

● 増えている光化学オキシダント

　日本では、NO_2や炭化水素類は排出規制によって減少しているのに、光化学オキシダントは毎年ごくわずかずつ増えています。地域によっては、森林が立ち枯れとなる原因の1つにもなっています。

　O_3は、風に運ばれ、半球スケールで汚染が広がります。酸性雨の原因物質と同様、日本では、中国などからの越境汚染の影響も、近年のO_3増の原因の1つになっています。大気汚染が激しい国の国民のためにも、東アジア全体で対策をとることが課題となっています。

表　光化学スモッグ予報、注意報、警報の発令目安

予　　報	1時間平均で0.12 ppm以上の発生が予想される。
注 意 報	1時間平均で0.12 ppm以上が発生。
警　　報	1時間平均で0.24 ppmが発生。

※現在の通年の平均値は0.03 ppm、1970年代にはピークで0.3 ppm程度。環境基準は0.06 ppm以下。

紫外線バリアとしてのオゾン層

執筆:藤村 陽

　太陽光線には、皮膚や眼、DNAを損傷する紫外線が含まれています。紫外線は、地上から10〜50kmの成層圏にあるオゾン層が吸収してしまうため、地上には少ししか届きません。オゾン層は、生物を有害な紫外線から守るバリアです。

● 微量で働くオゾン

　オゾン分子O_3は、酸素原子Oが3個つながった三角形型の分子です。酸素原子と酸素分子O_2が出合うと生成されます(前項参照)。オゾン層は、ほかの高度に比べて、大気中にあるO_3の割合が高い領域です。それでも、大気の主成分である窒素分子N_2やO_2の10万分の1ぐらいの個数しかありません。

　O_3が紫外線を吸収すると、OとO_2に分かれますが、Oは、周囲に大量に存在するO_2と出合い、すぐにO_3に戻ります。このサイクルを繰り返すため、地上の生物を守るオゾン層は安定して存在するのです。

● 生命がつくったオゾン層

　地球が約46億年前にできたころ、大気中に存在するOやO_2、O_3はごく微量でした。最古の生物は、有害な紫外線が届かない海中に約38億年前に発生したとされています。

　その後、海中の植物が光合成によってO_2を発生させ、海から大気中へ少しずつO_2が移動していき、大気中のO_3の量も増えて、地上に届く紫外線が弱くなり、植物が陸に上がれるようになりました。これが約4億年前と考えられています。

O_3の生成に必要なOは、太陽光線にわずかに含まれる非常にエネルギーの高い紫外線によって、O_2が2個のOに分かれることで発生します。この紫外線は大気中にあるO_2の量が増えると地上には届かなくなるので、はじめ、地上付近に形成されたオゾン層は、だんだんと上空に上がっていったのです。

●オゾン層の破壊

人類が冷媒などに多用したフロン類（次項参照）は安定した物質で、使用後に放出されると成層圏にたどり着きます。成層圏に降り注ぐ強い紫外線によって、フロンは分解されて塩素原子Clを放出し、このClがO_3をO_2に変える反応を繰り返し起こして、オゾン層を破壊していることが1970年代にわかりました。

1980年代末からその後、フロン類の使用が規制され、世界のO_3全量は2000年以降、微増に転じました。成層圏にはClやフロン類が残っているため、1970年代のO_3量にまで回復していません。

図　**オゾンの発生・分解・再生**

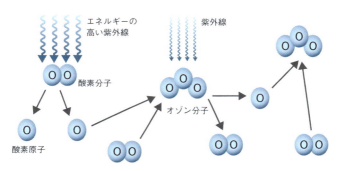

夢の物質フロンの暗転、そして代替フロン

執筆：一色健司

　メタンやエタンなどの炭化水素中の水素をフッ素や塩素などで置きかえた化合物は、フルオロカーボン、フロンなどと呼ばれます。これは、毒性がきわめて低く、不燃性で化学的・熱的に安定しており、室温に近い温度で液化させたり気化させたりすることができるという性質をもっています。

　そのため、冷蔵・冷凍装置に使用する冷媒（熱を運ぶ物質）や溶剤として最適なものとされ、開発当時（1928年ごろ）には「夢の物質」とまで呼ばれました。フロン類は、冷蔵冷凍設備の普及にともない、製造・流通・使用が爆発的に拡大しました。ところが1970年代、フロン類にオゾン層を破壊する働きがあることが明らかになり、規制の動きが広がったのです。

●冷媒用として広く使われたガス

　冷媒用としてよく知られるガスは右頁表の通りです。この中で、特定フロンおよび指定フロンは塩素Clを含んでいるため、オゾン層を破壊する性質をもっています。このため、これらはモントリオール議定書によって、製造・流通・使用が規制されました。特定フロンは日本を含む先進国では1995年までに製造が停止されました。指定フロンはまだ使われていますが、先進国では2020年までに製造が全廃されることになっています。

●代替フロンにも問題が…

　これらのフロンにかわるものとして代替フロンが開発されました。表に示したR-134aは代表的な冷媒用代替フロンで、現在も使用

されています。また、メタンやエタンなどの炭化水素中の水素原子全部をフッ素で置きかえたパーフルオロカーボンPFCや六フッ化硫黄SF_6も、フロンの代替として半導体の製造工程でエッチングや洗浄に広く用いられています。これらのガスはオゾン層を破壊しませんが、非常に大きな温室効果をもっています。しかも分解されにくい性質をもっているため、大気中に排出しないで回収することとされており、使用量の削減や代替ガスの開発が行われています。

炭化水素は、オゾン層を破壊せず、速く分解されるので温室効果への寄与も小さいため、冷媒として使われるようになってきました。日本では2002年にノンフロン冷蔵庫が相次いで発売されましたが、これらにはR-600aが使用されています。二酸化炭素やアンモニアの冷媒ガスとしての使用も徐々に広がってきており、脱フロンの動きは今後さらに進むものと思われます。

表 代表的な冷媒用ガス

冷媒番号	略称	化学式	区分	オゾン破壊係数[1]	地球温暖化係数[2]
R-1	CFC-11	CCl_3F	特定フロン	1.0	4,600
R-12	CFC-12	CCl_2F_2	特定フロン	1.0	10,600
R-115	CFC-115	$CClF_2CF_3$	特定フロン	0.6	7,200
R-22	HCFC-22	$CHClF_2$	指定フロン	0.055	1,700
R-502	(R-22:R-115=48.8:51.2の混合物)			0.334	5,600
R-134a	HFC-134a	CH_2FCF_3	代替フロン	0	1,300
R-600a	HC-600a	$CH_3CH_2(CH_3)_2$	(イソブタン)	―	―

[1] CFC-11を1.0としたときの値。
[2] 二酸化炭素を1.0としたときの値。

二酸化炭素の「温室効果」とは？

執筆：藤村 陽

　地球を温めるエネルギー源は太陽の光です。しかし、それだけでは地表の温度はなんと－18℃、氷点下の世界にしかなりません。現在の地表の平均温度15℃との差を埋める33℃分の温度上昇は、「温室効果」と呼ばれる大気の保温効果によって生じます。

　この働きをもつ気体は温室効果ガスと呼ばれ、これらのおかげで、地球の水は氷ではなく液体になり、人間のような生物の存在が可能になっているのです。

● 温室効果ガスと赤外線

　温室効果ガスとしては、水蒸気H_2O（地球大気の約1％）と二酸化炭素CO_2（地球大気の約0.04％）が代表的で、赤外線をよく吸収します。地球大気の主成分である窒素N_2と酸素O_2は赤外線を吸収しませんが、たいていの分子は赤外線を吸収し、温室効果があります。メタンCH_4、亜酸化窒素N_2O、フロン類も温室効果ガスです。

　私たちはふだん気づきませんが、地球表面からは電磁波の一種である赤外線がでています。実は、赤外線は私たちの体の表面からもでています。体温の分布を表示する赤外線サーモグラフィは、人体からでてくる赤外線の量をはかって、見やすいように色をつけたものです。

　温室効果ガスがないと、地表からでた赤外線はそのまま宇宙に逃げていきます。ところが温室効果ガスがあると、地表からでた赤外線のエネルギーは温室効果ガスに蓄えられ、半分は宇宙へ向けて赤外線として放出され、残り半分は地表に向けた赤外線と

して戻されます。そのため、温室効果ガスによって地表付近にエネルギーが蓄えられ、温度が上昇するのです。

太陽系のほかの惑星では、金星はCO_2が主成分の厚い大気におおわれていて、490℃分もの温室効果があります。

● CO_2が地球温暖化で問題になっている理由

1990年代後半から、CO_2排出量の削減が国際的な課題となっています。これは、人間活動で生じるCO_2による温暖化が、多くの人々の生活に影響を与えるような気候変動を引き起こすことが懸念されているからです。質量あたりで見ると、CO_2より温暖化への影響力が大きい温室効果ガスもありますが、CO_2は人類の排出量が非常に多いため、注視すべきと見られているのです。

図　温室効果のしくみ

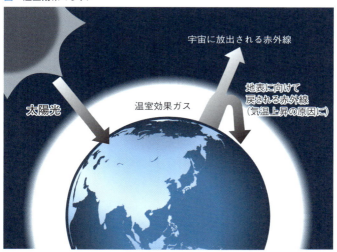

自動車は走る大気汚染源なのか？

執筆：池田圭一

　現代の多くの自動車（四輪車・自動二輪車）は、ガソリンエンジン、ディーゼルエンジンなどの発動機を載せています。エンジンの中で、水素と炭素の化合物を主成分とする有機燃料を燃やし、その際に発生する熱や圧力を駆動力に変えて走っているのです。有機燃料が燃える、すなわち酸素と化合すると、そのほとんどは水（水蒸気）と二酸化炭素になりますが、十分に酸素と結合しなかった燃え残りや空気中の窒素が高温で反応したもの、燃料に含まれる余計な硫黄分などが、一酸化炭素や揮発性の有機化合物（炭化水素）、窒素酸化物、硫黄酸化物などとして排出されます。

● 近年の努力、残る懸念

　これら排出ガスは、水蒸気と二酸化炭素を除いて少量でも人体に有害なものばかりです。しかし、特に人の健康上の問題となる揮発性有機化合物（VOC）については、右頁図のように自動車の走行によるものが全体の22％と、意外と少なめです。1970年代に排出ガス規制が施行されてからは、自動車からの大気汚染物質の排出は大幅に抑えられるようになりました。さらに近年になると、電気自動車やハイブリッドカーが増え、無害な水（水蒸気）だけを排出する水素エンジン車も利用されはじめました。

　とはいえ、国内の自動車保有台数は微増しています※。自動車の大部分を占めるのは旧来のエンジン車ですし、それらがガソリンや軽油、天然ガスなどの有機燃料を燃やすかぎり、地球温暖化の原因物質の1つとされる二酸化炭素はかならずでてきます。省エネ走行を心がけ、汚染物質の排出を抑えたいものです。

※参考：一般財団法人 自動車検査登録情報協会「自動車保有台数」
http://www.airia.or.jp/publish/s atistics/number.html

図 自動車排出ガスのおもな種類

図 人体に有害な炭化水素（揮発性有機化合物VOC）の排出割合

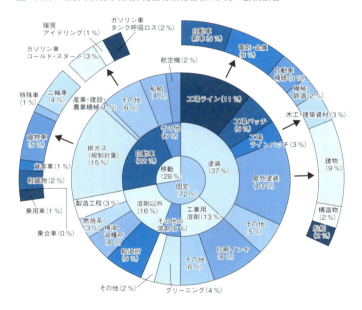

出典：国立環境研究所「VOC発生源と自動車の寄与,トンネル調査の結果から」より構成
http://www.nies.go.jp/kanko/kankyogi/05/10-11.html

天ぷら油から地球を救える燃料が?

執筆:和田重雄

　家庭などで使用した天ぷら油などの廃食油を原料として、ゴミ収集車やバスなどを動かすことができる燃料をつくる…。それが、バイオディーゼルフューエル(以下、BDF)です。本来は廃棄されるものから製造できるので、ゴミの減量、石油資源の消費量の低下などのメリットがあります。

●どのようにしてできたのか

　1897年、ドイツのルドルフ・ディーゼルによって「元祖BDF」ともいえるピーナッツ油を燃料として利用するディーゼルエンジンが開発されました。その後、世界各地で化石燃料が利用されるようになりましたが、今度は米国で、現在実用化されるようになったBDFのルーツが現れます。

　BDFは、廃食油にメタノールを混ぜて、アルカリ触媒の力を借りてつくられる脂肪酸メチルエステルという物質で、食用油より粘りけが少ない、さらっとした油状の液体です。ただ、いろいろな使われ方をしたあとにでる廃食油を使っているので、製造されてくるBDFの品質にばらつきがでることがあります。

　そこで、不純物を取り除く技術などにも工夫が施されていますが、品質の基準として京都市が策定した「京都スタンダード」がよく知られています。

　京都市はこのBDF製造事業を率先して進めているのですが、なぜだかご存じですか? そう、二酸化炭素CO_2などの温室効果ガスの削減目標を定めた「京都議定書」が大きな意味をもっています。この議定書は、1997年12月に京都で開催された地球温暖化

防止京都会議(COP3)で採択されました。

会議に先立ち、同年11月から京都市内のゴミ収集車約220台でBDFが利用されるようになったのです。その後、バイオディーゼル燃料化事業として発展し、現在では1日あたり約5tの廃食用植物油を回収し、5000Lの高品質のBDF燃料が製造できるようになりました。

● メリットとデメリット

BDFの大きなメリットの1つは、CO_2排出削減につながることです。BDFの成分も燃焼させるとCO_2は発生しますが、植物油は大気中のCO_2を吸収して光合成でつくりますので、事実上、大気中のCO_2を増やさないのです。これが、カーボンニュートラルという考え方です。また、BDFは軽油と燃費は変わらずに、排気ガス中の黒煙の量を減らせるなどの効果もあります。なお、硫黄酸化物SO_x(次項参照)も低減が大いに期待できますが、窒素酸化物NO_x(次々項参照)はやや低下するか増加すると見られています。

デメリットとしては、回収される廃食用油に品質の差があって、製造できるBDFに品質のばらつきがでたり、天然ゴムに浸透するなどの影響を与えたり、といったことがあります。また、BDFの製造プロセスにおいてエネルギーを消費します。これは、軽油をはじめほかの燃料を製造するときも消費します。

デメリットもありますが、新たな燃料として、これからさらなる進化が望まれるものの1つであることは間違いありません。いまは京都市以外にも、多くの地方自治体や鉄道で利用例があります。

硫酸の雨が降る原因「二酸化硫黄」

執筆：池田圭一

　二酸化硫黄は、別名の亜硫酸ガスという呼び方のほうが知られているかもしれません。亜硫酸ガスというと火山からでる有毒ガスのようにイメージしがちですが、現時点での放出量は火山よりも人類の活動によるもののほうが上回っています。日本で観測される二酸化硫黄を含む硫黄酸化物全体のうち、49％が中国（の産業活動）によるもの、21％が日本起源、朝鮮半島起源が12％、火山などから自然に放出されたものが13％とされています。自然放出より人工的なもののほうが6倍以上も多いわけです。

　なぜ、人類の産業活動によってでるのでしょう。それは、硫黄を含む石炭や石油を燃やすからです。これらの化石燃料を燃やすと、中に含まれていた硫黄成分が空気中の酸素とくっついて、硫黄酸化物になります。特に硫黄分が多い石炭を燃やすと大量の二酸化硫黄が発生し、大気を汚染するのです。過去、三重県の四日市コンビナートが排出した大量の二酸化硫黄は、公害病の1つ「四日市ぜんそく」の原因となり、多数の死者をだしました。

● **国境を越える環境問題**

　以来、国内の工場などからの排出は抑えられ、二酸化硫黄による国内の環境汚染は改善されました。しかし、新たに越境大気汚染の問題が起きています。アジア大陸で排出された気体の二酸化硫黄がそのまま、あるいは大気中での光化学反応によって硫酸に変化したものが、偏西風にのって日本にやってくるからです。硫酸が雨水に溶け込むと、酸性雨（次項参照）となって地上に降り注ぎます。従来、大気汚染とは無縁だった地域にも、二酸化硫

黄による大気汚染や酸性雨の被害がでています。

二酸化硫黄などの硫黄酸化物による環境汚染は、世界的な規模で取り組むべき課題となっています。

表　硫黄酸化物SOxの例

- **一酸化硫黄 SO**
非常に不安定な物質のため、すぐに空気中の酸素と反応して二酸化硫黄となる。

- **二酸化硫黄 SO_2**
硫黄が燃焼したときに発生。呼吸器を刺激し、せき、気管支ぜんそく、気管支炎を引き起こす。

- **三酸化硫黄 SO_3**
二酸化硫黄が、同じく大気汚染物質である二酸化窒素と反応して発生。水に溶けて硫酸となる。

pm：ピコメートル。1pm=10^{-12}m。

図　二酸化硫黄の反応例

- 硫黄が酸化される（燃焼する）と、二酸化硫黄となる。
$S+O_2 \rightarrow SO_2$

- 二酸化硫黄が水に溶けると、亜硫酸となる。
$SO_2+H_2O \rightarrow H_2SO_3$
- 亜硫酸が空気中で酸化されると、硫酸が発生する。
$2H_2SO_3+O_2 \rightarrow 2H_2SO_4$

- 二酸化硫黄が二酸化窒素と反応すると、三酸化硫黄が発生する。
$SO_2+NO_2 \rightarrow SO_3+NO$
- 三酸化硫黄が水に溶けると、硫酸が発生する。
$SO_3+H_2O \rightarrow H_2SO_4$

- 二酸化硫黄が雲中などの過酸化水素と反応すると、硫酸が発生する。
$H_2O_2+SO_2 \rightarrow H_2SO_4$

酸性雨は、大気汚染のバロメーター

執筆：藤村 陽

　酸性雨は、ヨーロッパや北米、中国などでの森林の立ち枯れ、生物の存在を脅かす湖沼の酸性化、建造物や文化遺産の腐食の原因となる大気汚染として、1960年代から注目されてきました。

　雨が酸性になるのは、硫酸H_2SO_4や硝酸HNO_3が雨に溶けているためです。これらは、二酸化硫黄SO_2などの硫黄酸化物SO_x、一酸化窒素NOや二酸化窒素NO_2などの窒素酸化物NO_x（ノックス）から生じます。自然起源のSO_xやNO_xに、人間が化石燃料を燃やすなどして発生させたものが加わり、雨の酸性が強くなります。

●酸性雨の目安

　酸性が強い雨とは、水素イオンH^+の濃度が高い雨ですが、その尺度がpHです。ピーエイチまたはペーハーと読み、純粋な水なら中性で7です。pHが7とは、水分子5億6千万個あたり、1個のH^+がある状態です。pHが1小さくなるごとに、水分子に対するH^+の個数は10倍大きくなり、酸性が強くなります。

　実際の雨は大気中の二酸化炭素（大気の約0.04％）が溶けて炭酸を生じ、それだけでpHが5.6程度の弱い酸性になるので、pHが5.6より小さいことが酸性雨の判断目安の1つになっています。ただし、自然起源のNO_xやSO_xだけでpHが5.0以下になるときもあります。

　酸性雨の影響はpHだけでは判断できません。大気中のアンモニアNH_3は雨の酸性を中和し、日本ではその効果でpHが0.3程度大きくなっています。しかし雨に溶けたNH_3は、最終的にHNO_3に変わり、酸性雨と同じ影響を生態系に与えます。また

pHが同じでも、降水量が多い日本では、その分だけ多くの酸性物質が土壌や河川、湖沼に降り注いでいることになります。

● 日本に降っている雨

日本各地の雨のpHは平均して4.5〜5.0程度です。ヨーロッパでは平均が4.0程度だった時期もありましたが、現在では日本、東アジア、欧米において、雨の酸性の度合いは同程度です。

日本では欧米ほど酸性雨の目立った影響は現れていません。酸性を中和する成分が土壌に多いことが、その理由と考えられています。しかし、丹沢や奥日光などで森林の立ち枯れが観測されていて、NOxが原因で生じる光化学オキシダントとの複合的な影響であると考えられています。

つまり酸性雨は、雨が酸性であることだけでなく、SO_2やNO_xをはじめとした大気汚染全般の問題ととらえる必要があるのです。

SO_2は光化学オキシダントと同様、中国などからの越境汚染の影響もあり（前項参照）、東アジア全体で対策をとることが課題となっています。

図　**SOxやNOxから酸性雨が生じるメカニズム**

硝酸性窒素汚染でヘモグロビン血症

執筆：左巻健男

硝酸とは、高校の化学などで習う、塩酸や硫酸と並んで有名な酸の仲間です。分子式でHNO_3と書きます。Hは水素原子、Nは窒素原子、Oは酸素原子です。そのHのかわりに、カリウムK、ナトリウムNaなどが入り込んだものが硝酸塩といわれるものです。たとえば、KがHのかわりに入ると、硝酸カリウムKNO_3になります。

硝酸性窒素とは、硝酸塩に含まれる窒素Nのことです。硝酸塩は水中では、たとえばKNO_3ならば、カリウムイオンK^+と硝酸イオンNO_3^-というように、ばらばらになっています。水中では、硝酸性窒素が硝酸イオンNO_3^-として存在しているのです。

水中の硝酸性窒素、つまり硝酸イオンは、窒素肥料、家畜のふん尿や生活排水に含まれる窒素化合物が酸素と反応したり、分解されたりしてできたものです。

● 硝酸性窒素が増えると…

硝酸性窒素を含んだ水を、赤ちゃんや胃液の分泌の少ない人が飲むと、硝酸性窒素の一部が体内で亜硝酸性窒素（亜硝酸イオンNO_2^-に含まれる窒素）として吸収されます。

それが血液中のヘモグロビンと結びつくと、酸素を運ぶ能力のないメトヘモグロビンになり、貧血症などの健康障害（メトヘモグロビン血症）が生じます。欧米を中心に死亡例も数多く報告されています。また、硝酸性窒素を含む水を飲むと、胃の中で発がん性物質のN-ニトロソ化合物を生じやすくなります。

そこで、水道水、地下水や河川などの公共水域には、硝酸性窒

素10 mg/L以下（硝酸性窒素の分解過程でできる亜硝酸性窒素を含む）という水質基準が設けられています。しかし、地下水ではこの基準を超えたものが多数報告されています。

また、硝酸性窒素を多量に含む水が、湖沼や東京湾などに流れ込むと、富栄養化（水中の窒素やリンなどが増加し、植物プランクトンなどの生産活動が高くなっていく現象）の原因になります。

図　硝酸の構造式

図　硝酸イオンの構造式

図　メトヘモグロビン血症が起きるしくみ

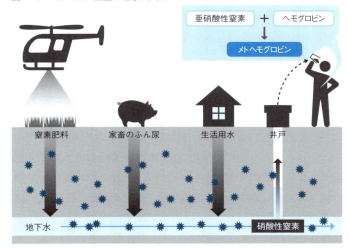

ただのホコリではない「粉じん」

執筆：池田圭一

　広い意味でいえば、空気中をただよう小さなものはすべて粉じんです。大気汚染防止法では、粉じんの中でも特に人の健康に悪影響をおよぼすものを「特定粉じん」とし、それには肺がんや中皮腫という重大な問題を引き起こす「アスベスト」（次項参照）が含まれます。

　では、その他の粉じんはどうかといえば、これも大量に、かつ長期間吸っていると肺にたまって、じん肺と呼ばれる肺疾患の原因となることがあります。

　じん肺は、石や石炭、金属などの細かな破片がただよっている鉱山や炭鉱などの掘削現場、金属加工工場など、とにかく細かな粉が飛ぶような職場で発生しやすい疾病で、慢性的な呼吸困難を引き起こします。2011年3月11日の東日本大震災では、津波の被害により大量のガレキが発生しました。ガレキから飛散するアスベストや、打ち寄せられた海底の泥が乾いて風で巻き上げられた微粒子によって、広域の粉じん問題が引き起こされました。

● 身近な粒子にも注意

　一方、ものを燃やしたときにでる煙も、細かな微粒子からできていることを考えれば粉じんといえますが、こちらは煤煙や煤じんと呼ばれます。毎年の春先に大規模に飛散して花粉症を引き起こすスギ花粉や、強風で舞い上がった地面のホコリや砂、大陸から飛んでくる黄砂など自然に発生するものは粉じんとはされませんが、これらには有害な化学物質が付着していることが明らかになっています。

● PM2.5とはなにか?

　従来は、10μm以下の有害な粒子状物質について注意が喚起されてきましたが、特に近年、2.5μm以下と非常に小さい「PM2.5」が問題になっています。発生源は工場や自動車、火山、土壌など多岐にわたり、成分は単一ではなく、さまざまな物質の混合物となっています。小さいがゆえに大気中にとどまりやすく、ヒトが吸い込みやすく、呼吸器や循環器系への影響が懸念されているのです。

　PM2.5をはじめとする大気汚染物質の濃度については、環境省のサイト※で公開されているほか、一部は天気予報で告知されることもあります。

　いったん人体に取り込んでしまった微小な有害物質を排出するのは非常に困難です。できるだけ吸い込まないようにするしかありません。PM2.5などの注意報・警報がでていたら外出を控える、粉じんが多い場所にいなければならないときは高性能マスクを装着する、といった対策が必要になっています。

※「大気汚染物質広域監視システム【そらまめ君】」(http://soramame.taiki.go.jp/)。

写真　**PM2.5、スギ花粉、頭髪の大きさの比較**

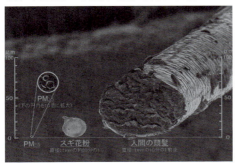

出典:東京都ホームページ
https://www.kankyo.metro.tokyo.jp/air/air_pollution/

いまだ解決しない「アスベスト」問題

執筆：池田圭一

　移動中に、建物を解体している工事現場のそばを通ることがありませんか？　そのとき「アスベスト除去」などの表示を目にすることはないでしょうか。あるいは、学校の理科実験器具（石綿つき金網）にアスベストが使われており、回収されたというニュースも記憶にあるかもしれません。

●アスベストは自然の鉱物

　石綿とも呼ばれるアスベストは、自然に産出する鉱物です。マグマが固まった鉱物が地下で高い温度や圧力を受けて変成し、細長い繊維状に再結晶したもので、耐久性、耐熱性にすぐれ、高い断熱性もあります。その特性をいかし、建設資材（断熱材）や工業製品、家庭用品に幅広く使われてきました。

　しかし、肺がんや中皮腫の原因になることがわかり、世界的に使用が禁止されています。

　アスベストの繊維1本の太さは髪の毛の数千分の1。細かくなると容易に空気中にただよいだします。通常、肺（人体）に入ったホコリや細菌などは白血球の一種であるマクロファージに食べられて分解・無害化されるのですが、鉱物のアスベストは分解できません。それどころか取り込んだマクロファージは死滅し、やがて周囲の細胞が変異して、がんや中皮腫の原因となるのです。

●問題はこれからも続く

　日本では2011年に工業製品などを含め、すべての生産物でアスベストの使用が禁止されました。しかし、過去に建てられた建

築物などにまだたくさん残っています。公共施設ではアスベスト飛散の防止処置がとられたものの、すべてが解体・廃棄を終えるまであと30〜50年かかるとされています。

東日本を襲った大地震・津波、そして熊本地震で発生した大量のガレキも、アスベスト飛散の危険性を残しています。今後の見込みとしても、2020年の東京オリンピック・パラリンピックに合わせて古いビルを建てなおすといったタイミングで、多数のアスベスト対策が必要となってくると報じられています。

アスベスト問題はいまも続いており、これからも続くのです。

写真　天井などに使われたアスベスト

図　アスベストが使われている場所の例

ビルの駐車場
（広い場所の吹きつけ断熱材）

工場の配管
（L字部分やボイラーの保温材など）

学校などの公共施設
（古い吸音天井板）

身近にある有害金属「カドミウム」

執筆：池田圭一

　ニッケル・カドミウム蓄電池（ニカド電池）と呼ばれる電池をご存じですか？　携帯用の電気ひげそりやコードレス掃除機など、充電することで繰り返し使える家電製品に、いまも数多く利用されています。この充電式電池にはニッケルとカドミウムの2種類の金属が使われているのですが、問題なのがカドミウム。人体にとって有害、というより、毒性があるのです。工場でカドミウムの微粒子を含む蒸気を吸い込むなどして大量にさらされると急性の中毒症状を起こしますが、それだけではありません。人体に蓄積したカドミウムは長きにわたって悪影響をおよぼすのです。これは、ごく少量を長い時間をかけて取り込んでも同じです。

● 公害の原因に

　カドミウムの毒性が明らかになる前は、鉱山の関連工場から河川に工場廃液として大量に廃棄されていました。それは下流地域一帯の土壌を汚染し、そこで栽培された野菜やコメを経由して人体に取り込まれ、腎臓機能の異常と重度の骨軟化症を引き起こしました。日本の四大公害病の1つ、1910年から1970年代にかけて富山県・富山市で被害のあった「イタイイタイ病」です。

　日本の食品衛生法では、コメのカドミウム含有量を国際的な基準に準じ0.4 mg/kg以下としています。過去には基準を超えたコメが工業向けとして流通し、せんべいなどの原料に使われるという食品偽装問題がありましたが、現在、基準を超えたものは全量買い上げのあと、焼却・廃棄されています。

　カドミウムをこれ以上環境にださないために、身近なニカド電

池などもそのまま廃棄せず、電気店などのリサイクルボックスに入れ、正しく回収されるようにしましょう。

参考：農林水産省「食品中のカドミウムに関する情報」
http://www.maff.go.jp/j/syouan/nouan/kome/k_cd/

表　元素の周期表

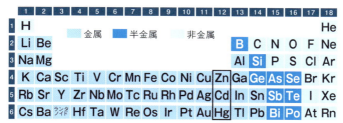

カドミウムCdを元素の周期表でたてに見ると、亜鉛Znと水銀Hgにはさまれた位置にある。亜鉛は、足りなくなると味覚障害（味がわからなくなる症状）などを引き起こすという、人体に必須の元素。しかし、カドミウムや水銀は違う。水銀もまた人体に有害な金属で、工場の廃液が海に捨てられたことで、廃液中のメチル水銀が魚介類を介して人体に取り込まれ、水俣病、第二水俣病を引き起こしている。

表　カドミウムのおもな用途

● ニッケル・カドミウム蓄電池（ニカド電池）の電極
● プラスチックの着色材や絵の具（特に黄色の油絵の具）
● 半導体、蛍光体、太陽電池の材料
● 低温で融ける特殊な合金の成分（現在は使われない）
● 一部のメッキ（現在はほとんどない）

価数で毒性がまったく異なるクロム

執筆：一色健司

　クロムは銀白色の硬くてもろい金属ですが、環境中では、中性原子から電子が3個とれた状態（三価クロム）と、電子が6個とれた状態（六価クロム）として存在しています。岩石や鉱物に含まれるクロムのほとんどは三価クロムです。しかし、岩石や鉱物に含まれるクロムが水に溶けると、大気から水中に溶け込んでいる酸素によって酸化され、六価クロムになってしまいます。このため、河川水や海水中のクロムは、ほとんどが六価クロムです。

●六価クロムの危険性

　六価クロムはおもに多数の酸素原子と結合した形をとっており、その代表的なものはクロム酸（CrO_4^{2-}）と重クロム酸（$Cr_2O_7^{2-}$）です。六価クロムは、酸化力がきわめて強く、有毒です。国際がん研究機関（IARC）による発がん性に関する科学的証拠の確からしさの分類では、六価クロムは「グループ1」、つまり、人体に対して発がん性があることが確実なものとして、分類されています。六価クロムは塗料の色素の原料やメッキ用薬品として用いられていますが、不適切な取り扱いで、作業者に皮膚潰瘍、鼻中隔穿孔、肺がんなどを発生させる、漏洩した六価クロムによって周辺の土壌や地下水が汚染される、といった事故も発生しています。このような毒性のため、日本では「人の健康の保護に関する環境基準」で水域中の六価クロムは0.05 mg/L以下に規制されています。

　なお、河川水や海水中のクロムはほとんど六価クロムであると書きましたが、海水中のクロム濃度は0.0001 mg/L程度であり、クロムを多く含んだ地質地帯を流れる河川水中でも0.01 mg/Lを

超えることはまずありません。したがって、人為的に六価クロムを放出しないかぎり、心配する必要はまったくありません。

一方、三価クロムには毒性はほとんどなく、食品から適切に摂取しているかぎり危険性はまったくありません。クロムは、生体内にはごく微量しか含まれていませんが、さまざまな代謝の維持に関係しており、生体にとっては必須の元素です。

●ステンレス鋼からクロムは溶けだきない

ステンレス鋼は、鉄にクロムやニッケルを含有させた合金で、金属クロムを 13 〜 25 ％程度含んでいます。ステンレス鋼がサビにくいのは、表面に空気中の酸素と反応してできた酸化クロムの薄い皮膜ができ、これが非常に強い耐食性をもっているからです。クロムメッキがサビにくいのも同じ理由によるものです。

この被膜中のクロムは三価クロムであり、しかも、ほとんど溶けだすことはありません。また、ステンレス鋼から六価クロムが溶けだしてくることもありません。ステンレス鋼の食器やクロムメッキの皿などは安心して使ってください。

図 **六価クロムの危険性（国際連合GHS文書で規定されているピクトグラム※）**

※GHSは国際連合が主導する、化学品の危険有害性を基準にした分類や表示のためのシステム。ほかに「急性毒性」「高圧ガス」など各種ピクトグラムがあり、製品ラベルなどに使われている。2017年より、四角の枠を赤く印刷することが義務化。

自然にもある放射能と放射線

執筆：山本文彦

　放射線や放射性物質による健康被害は、本人だけでなく、次世代への影響までも心配されています。

　放射線は、原子を電離したりフィルムを感光したりするほどの強いエネルギーをもち、アルファ線、ベータ線、ガンマ線などの種類があります。人体の構成成分を変質させたり遺伝子を傷つけたりすれば、放射線障害を心配する必要があります。放射線をだす能力を「放射能」と呼び、放射能をもつ物質を「放射性物質」または「放射性核種」と呼びます。

　人体が放射線にさらされることを「被ばく（被曝）」といいます。原子爆弾など爆弾による被害を意味する「被爆」とは字も意味も異なります。放射線障害には、臓器の機能不全、やけどなど早く現れる障害と、発がんや白内障といった遅く現れる障害があります。いずれも被ばく量が大きいほど、その危険が高くなることが知られています。

● 自然界の放射能

　私たちの身のまわりには放射性物質がいたるところに存在し、いつも放射線が飛び交っています。ウランやトリウム、ラジウム、ラドン、放射性カリウムなどは地球ができたときから自然界に存在し、放射線が大地から放出されています。宇宙からやってくる放射線もあり、大気中の窒素と反応して放射性炭素やトリチウムなどの放射性物質が常につくられているのです。天然に存在する放射線を「自然放射線」と呼び、それだけで誰もが年間約2.4 mSv（ミリシーベルト）の被ばくを受けています。シーベルトとは、人

● 私たちの体の中の放射性物質

　私たちの体内にも放射性物質があります。地球上のカリウムのうちの約0.02％は放射性カリウムですから、カリウムを含む食物を摂取したときはかならず放射性カリウムも食べ、それが人体の構成成分に含まれているのです。放射性カリウムのほか、炭素に含まれる炭素14なども人体を構成している成分にあります。これらの放射能の量を合計すると、1人あたり約7000 Bq（ベクレル）になります。ベクレルは、放射線をだしながら壊れる原子の数が、1秒間でどのくらいあるかを表す単位です。

　私たちは誰でも放射性物質をもち、いつも放射線をだしているのです。地球上に暮らすすべての生物は、これらの被ばくを避けることはできません。理論的に絶対安全な放射線量はないとされていますが、自然放射線被ばくによる健康被害の証拠は見つかっていないのです（人工放射性物質については次項参照）。

図　**自然放射線による年間線量（2.4 mSv/年）**

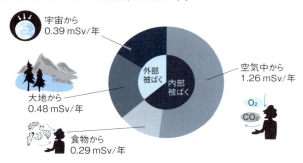

出典：United Nations Scientific Committee on the Effects of Atomic Radiation "UNSCEAR 2008 REPORT Vol. I"の数値をもとに作図

放射性のヨウ素とセシウム

執筆：左巻健男

　2011年3月11日の東日本大震災の際の地震と津波による原発事故で、土壌、水、野菜などの作物、牛乳、魚介類などが放射性物質、特に放射性ヨウ素やセシウムによって汚染されました。

● 放射性のヨウ素131などはどこにあった？

　重大事故を起こした東京電力福島第一原子力発電所。その核燃料は、ウラン235でした。235という数字は、そのウランの原子核の陽子と中性子を足した数です。同じウランという元素の中に、原子核の陽子数は同じですが中性子数が違うものがあります。それらを区別するために、元素名に陽子数と中性子数の和の数字をつけます。ウランにはほかにウラン238などがあります。原子核の種類が違うので「核種」と呼びます。

　原子炉では、核燃料のウラン235が核分裂をするときにでる熱エネルギーで、水を熱して高温高圧の水蒸気をつくり、それでタービンを回すことで発電しています。

　ウラン235の核分裂のときに、ウラン原子核より小さな、さまざまな放射性核種が生まれます。量が多いのはヨウ素131やセシウム137などです。ほかにもセシウム134、ストロンチウム90などが生まれています。これらの放射性核種は、燃料棒の被覆管の中のペレット内に閉じ込められているはずなのですが、被覆管やペレットが損傷したり、溶融したりして、さらに原子炉の圧力容器、格納容器に損傷があれば、水蒸気に混じったり、水に混じったりして外部に放出されます。

●体内に摂取して内部被ばく

　放射性核種の量が半分になるまでの期間を半減期といいます。ヨウ素131は約8日、セシウム137は約30年、セシウム134は約2年です。そのため、ヨウ素131は8日で半分に、さらに8日で4分の1に、さらに8日で8分の1になります。ヨウ素131は、約1年たてばほとんど残っていません。ときどき下水道の汚泥からヨウ素131が検出されるのは、甲状腺治療などで体内に注射された放射性医薬品が、患者の尿の中に排出されるからです。一方、セシウム137は1年たってもあまり減りませんが、福島第一電子力発電所からはセシウム137とセシウム134が、およそ1:1の割合で放出されたと考えられているので、合計だと2年で当初の約6割になり、3年で当初の約5割に減ります。

　放射線は外部から浴びること（外部被ばく）も問題ですが、放射性物質を含む空気や水、食物などを取り込んだ際の内部被ばくにも注意が必要です。ヨウ素は甲状腺に、セシウムはカリウムと入れかわって筋肉に、たまりやすいのです。現状では、福島第一原子力発電所の事故当時に心配されたほどの内部被ばくはなかったとわかってきていますが、経過を見守り続けるべきでしょう。

図　**放射性物質がたまりやすい場所の例**

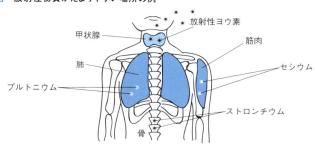

人類に残された放射性廃棄物

執筆：藤村 陽

　放射性廃棄物とは、不要な放射性物質そのものや、放射性物質で汚染された廃棄物のことで、原子力発電で大量に発生します。このほかに放射性物質を使った医療検査や、核兵器保持国では核兵器製造工程で発生します。放射性廃棄物は勝手に捨てることはできず、法律にしたがって管理しなければなりません。2011年の東京電力福島第一原子力発電所の事故では、放射性物質が日本の国土に降り注ぎ、汚泥、除染廃棄物、放射性ガレキなど、これまで想定されていなかった莫大な放射性廃棄物が生じています。

●高レベル放射性廃棄物

　放射性廃棄物の中でも、原子力発電で残る使用済みの核燃料は放射能が非常に強く、そばに数秒いるだけで死にいたるほど大量のガンマ線をだしています。そのため世界各国共通で「高レベル放射性廃棄物」と呼んで区別します。

　日本では、使用済み核燃料そのものは廃棄物とせず、再処理という化学的な処理でプルトニウムとウランを取りだし、残った廃液をガラスで固めた「ガラス固化体」を高レベル放射性廃棄物と呼んでいます。

●埋め捨てにするしかない放射性廃棄物

　放射性廃棄物は、どれも最終的にはすべて地下に埋設することになっています。日本でも、原子力発電所の操業で発生する放射能が弱いもの（廃器材、フィルター、廃液、消耗品など）だけは、青森県六ヶ所村での埋設がはじまっています。

しかし、高レベル放射性廃棄物の地下埋設は、世界のどの国もはじめていません。高レベル放射性廃棄物の放射能はだんだん弱くなりますが、半減期が1万年を超える放射性核種も含まれていて、これらが人間の生活環境に大量にもれてしまうと、健康に影響をおよぼす恐れがあります。そのため地下300m程度より深くに埋設することになっていて、これを「地層処分」と呼びます。日本では2002年から地層処分の処分地を公募していますが、候補地はまだなく、2010年代半ばから、国も前面に立って取り組む姿勢を見せています。

　処分地が決まっても、地下深くの適性調査や建設に10年以上、埋設に50年はかかります。高レベル放射性廃棄物以外の放射性廃棄物にも、放射能が強いものや、健康への影響が大きいものがあり、原子力発電は後世に多くの難題を残すのです。

表　日本の原子力発電によって残るものの例

● **使用済み核燃料** 　原子力発電所の原子炉内貯蔵プールに格納され、再処理工場に送られる。
● **高レベル放射性廃棄物** 　使用済み核燃料の再処理時にでる廃液を固めたもの（ガラス固化体）。
● **低レベル放射性廃棄物** 　原子力発電所の制御棒、炉内構造物、廃器材、フィルター、廃液、消耗品など。
● **放射性物質汚染廃棄物** ・対策地域内廃棄物（福島県の警戒区域または計画的避難区域内にあるもの） 　東京電力福島第一原子力発電所の事故で放出された放射性物質を含む災害廃棄物、廃材など。 ・指定廃棄物 　同様に放射性物質を含む焼却灰、稲わら、たい肥、浄水発生土、下水汚泥など。

「夢の核燃料」になれなかったプルトニウム

執筆：藤村 陽

　プルトニウムは天然にはほとんど存在しない元素で、ウランに中性子を当てると生じます。1940年に米国でつくられましたが、その核分裂の起こしやすさを利用して核兵器の原料とするため、発見は秘密にされました。やがて世界初の原子炉が原爆のプルトニウム生産用につくられ、1945年8月には約5kgが長崎原爆に使われました。新元素発見が公表されたのは第二次世界大戦後で、そのあとは原爆だけでなく、水爆の起爆装置にも使われてきました。

● 夢の核燃料としての期待は空振りに

　プルトニウムを核燃料にした高速増殖炉（次項参照）という特殊な原子炉では、発電のために消費したプルトニウムの量よりも、原子炉内に置いたウランから生じるプルトニウムの量のほうがごくわずかだけ多くなります。

　ウランは核燃料として100年もたず、貧弱な資源とされています。これは、核分裂しやすいウラン235が約0.7％しかないためです。その点、高速増殖炉は発電をしながら、ウランの99.3％を占める核分裂しにくいウラン238からプルトニウムを生みだし、人類に1000年以上も核燃料を与えると、1950年代には期待されました。

　しかし、高速増殖炉はいまだに実現していません。米国、旧ソ連、フランス、ドイツなどの原子力利用の先進国も積極的な開発から手を引き、プルトニウムへの期待は空振りに終わったのです。

●「最悪の毒物」?

　プルトニウムは胃腸からは吸収されにくいのですが、空気中に

漂っているものを吸い込むと肺にとどまりやすく、その後、骨にもたまりやすいので、肺がんや骨のがんを引き起こします。

国際放射線防護委員会（ICRP）の勧告でも、プルトニウムを吸い込んだ場合の年間摂取限度は、わずか300万分の1gです。「最悪の毒物」という表現が適切かどうかは別として、危険な物質であることは確かです。

● いまプルトニウムは？

ウランを核燃料とした通常の原子力発電でも、運転中に核燃料内で生じるプルトニウムの核分裂が、発電の約3割を担っています。

日本は、将来の高速増殖炉利用の前段階として、使用済みのウラン燃料からプルトニウムを再処理で取りだし、通常の原子炉で使うという、核燃料サイクル政策をとってきました。この方法は経済的に見合わず、使用済み燃料の処分も困難です。現実には、再処理の段階でトラブルが続き、難航しています。

米国とロシアは核兵器の削減に合意し、核兵器の解体で発生した余剰プルトニウムの処理に頭を悩ませています。夢の核燃料でなくなったプルトニウムは、いまや負の価値をもつ資産なのです。

図　**ウラン238からプルトニウム239が生成されるしくみ**

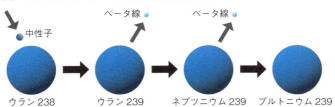

なぜナトリウム？「もんじゅ」の難しさ

執筆：藤村 陽

1995年12月8日に起きた高速増殖炉「もんじゅ」のナトリウム漏洩火災事故は、日本の科学技術史上、重大な事件でした。

高速増殖炉は、発電しながら核燃料のプルトニウムを生みだす「夢の原子炉」と期待されました（前項参照）。ナトリウム利用の難しさなどが壁になり、原子力の先進国が積極的な開発から手を引いたあとに、日本も同じ轍を踏んだのです。事故の原因が初歩的な設計ミスだったことも問題となりました。

● **なぜ危険なナトリウムを使う？**

高速増殖炉は、核分裂で発生した熱を水に伝える冷却材に、液体の金属ナトリウムを使います。水と反応しやすいナトリウムが、薄い金属製配管の壁を隔てて水と隣り合わせになっているのです。原子炉内を流れるナトリウムは500℃以上と高温なので、配管から外にもれただけでも、空気中の水分と激しく反応してナトリウム火災を起こします。

ナトリウムを冷却材に使う最大の理由は、プルトニウム239の核分裂で発生した高速の中性子がナトリウムに当たっても速度を落とさないためです。これがプルトニウム増殖の鍵なのです。

高速の中性子によってプルトニウム239が核分裂すると、発生する中性子の個数がわずかに多くなり、核分裂に必要な中性子に加えて、原子炉内のウラン238をプルトニウム239に変える中性子がギリギリ確保できるようになります。高速増殖炉とは、「高速」中性子でプルトニウムをゆっくり「増殖」させる原子炉です。

世界の多くの発電用原子炉は、軽い水素原子をもつ水を冷却

材に使い、中性子を減速させ、核分裂を起こしやすくしています。一方、高速増殖炉は、中性子の高速状態を保つため、重い原子をもつ液体金属を冷却材に使います。ナトリウムは、扱いにくい液体金属の中では問題が少なく、安価なので消去法的に選ばれましたが、反応性が高いため、やはり無理がありました。

● **その後のもんじゅ**

事故以来、休止を続けていたもんじゅは、安全対策が十分にとられたという国の判断のもと、2010年5月に運転を再開したものの、8月には原子炉内で部品の落下事故を起こしてふたたび休止し、その後も点検もれ、虚偽報告など管理体制の深刻な不備が続きました。総額1兆円を費やしながら休止が続き、その状態でも維持費に年200億円かかることもあり、2016年現在、廃炉に向けた調整を政府が進めています。

図 **高速増殖炉のしくみ**

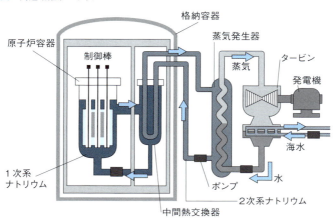

ダブついた劣化ウランが砲弾に

執筆：藤村 陽

　劣化ウランとは、原子爆弾や原子力発電の核燃料の製造に必要なウラン濃縮という工程で発生するウランです。いわば残りカスのようなウランなので、多くの原子力発電所では使えません。

　劣化ウランの放射能は天然ウランより少し弱い程度（約6割）で、ウラン自体にもほかの重金属と同程度の毒性があります。

　湾岸戦争などで米軍が砲弾に使ったこともあり、現地住民や帰還兵に見られる健康被害との関係を指摘する人もいます。

● ウラン濃縮とは

　天然ウランには、核分裂しやすいウラン235が約0.7％しか含まれておらず、残りの99.3％は核分裂しにくいウラン238です（前々項参照）。原子力発電所で核燃料にするなら、最低でも3％程度のウラン235を含む濃縮ウランが必要です。

　濃縮ウランは、ウラン235原子とウラン238原子の質量のわずかな違いを利用した遠心分離などの方法によって得られます。このときウラン235の含有量が0.2〜0.3％程度にまで減った劣化ウランもかならず、濃縮ウランの数倍生じます。

● 無用の長物、劣化ウラン

　劣化ウランは、高速増殖炉（前項参照）が実現すれば、プルトニウム239を生みだすためのウラン238として利用可能となるため、日本では「資源」扱いされていますが、現状ではかぎりなく廃棄物に近い存在といえます。

　ウラン濃縮には、ウランが自由に動けるよう、気体の六フッ化

ウランを使います。六フッ化ウランは、常温では固体ですが、56.5℃とさほど高くない温度で気体になります。また、容器を腐食させやすく、空気中の水分と反応して有毒なフッ化水素を発生します。劣化ウランは世界に約150万tあり、ほとんどがやっかいな六フッ化ウランのまま保管されています（日本は約1万t）。

● 劣化ウランの兵器への転用

保管の負担が大きい劣化ウランは、金属ウランの密度が大きい（鉄の2.4倍、鉛の1.7倍である）ことから、飛行機やヘリコプターの機体の重さのバランスをとる重りに転用されています。

劣化ウランが兵器に転用されているのは、ウランを砲弾に使うと貫通力が高まる、発火しやすいなど、兵器としての性能が上がるためです。廃棄できない放射性物質をばらまくのは、それだけで本来おかしなことです。もちろん劣化ウランを使わない兵器も、減ることを願ってやみません。

図 ウランの加工と廃棄物

水素エネルギーへの期待と現実

執筆：一色健司

　化石燃料の代替資源として、また、温室効果ガス排出抑制のため、水素エネルギーが注目されています。水素は直接燃焼させても燃料電池で燃焼させても、二酸化炭素や有害ガスの発生はなく、水しか発生しません。このため、環境負荷がきわめて小さなエネルギー源です。また、水素という元素自体は水の形で事実上無尽蔵にあるため、元素の枯渇を心配する必要がありません。もし、再生可能エネルギーを使って水から水素を取りだして使用すれば、使用後は水に戻るのですから、いつまでもリサイクルが可能なエネルギー資源ということになります。

● どのようにして水素を製造するか

　水素は、現在は工業的には、化石燃料を改質してつくられていますが、これは再生可能エネルギーを使った製造法とはいえません。現在、おもに検討されているのは、太陽光発電や風力発電など、再生可能エネルギーによって発電した電気で水を電気分解して水素をつくるという方法と、バイオマスメタノール・メタン（木質チップや下水汚泥などをもとにした生物資源）に触媒を作用させてつくるという方法です。バイオマスは水と二酸化炭素から合成されますので、結局、こちらの方法も水を原料として水素をつくっていることになります。

● 解決すべき問題

　水素エネルギーは製造、利用の両面で環境負荷がきわめて小さいことから、資源の枯渇と人為的環境変化を引き起こさないエネ

ルギー源として大きな期待がもたれています。しかし、水素エネルギーの利用には、製造から利用にいたる全過程で、技術的に解決しないといけない下表のような課題が山積しています。現状では、水素エネルギーの実用化および普及へのハードルはまだ高いといわざるをえないでしょう。

さらに、実はもっと根本的な問題があります。水素を水の電気分解によって製造する場合、発電した電力をそのまま使うことと競合することになります。あえて水素を製造するメリットは、貯蔵が可能ということくらいでしょう。一方、バイオマスメタノールなどから水素を製造する場合も、メタノールのまま使うことができれば、わざわざ水素に転換して利用する必要はありません。このように、水素を利用することにどのようなメリットを見いだすのかということも、同時に解決していかないといけないでしょう。

表　水素エネルギーの課題

- **効率よく大量に製造する方法の開発**
  電気分解法による水素の製造は工業的には確立した製法だが、再生可能エネルギーによる発電の普及はこれから。また、バイオマスからの水素の製造はまだ実用化途上にある。

- **低コストで安全な輸送方法および貯蔵方法の開発**
  水素は圧縮しても液化しないため、高圧のまま取り扱う必要がある。水素で脆化しない材料の開発や、低圧で貯蔵できる水素吸蔵材料の開発が必要。

- **高効率で低コストな利用技術の開発**
  水素エネルギーは燃料としてそのまま利用する方法と、燃料電池で発電に利用する方法がある。後者については、現状ではまだエネルギー効率が低く高コスト。

- **製造から輸送・貯蔵、消費にいたる社会的インフラの整備**
  以上のような技術的問題を解決しても、実現するためにはインフラをゼロから整備していかなければならない。

column

発電効率の上がった太陽電池

執筆：一色健司

　前項の水素やバイオマスと並んで注目されているものに、太陽光があります。地球大気の外側の面に垂直に入射する、単位面積あたりの太陽放射エネルギーを太陽定数と呼びますが、この値は1 m^2 あたり約1.4 kWです。このうち、大気を透過する割合は約7割ですので、地表に到達する太陽放射エネルギーは1 m^2 あたり約1 kWとなります。太陽電池の発電効率とは、入射した全太陽光エネルギーに対する出力電力で定義されます。現在の実用的な家庭用太陽電池の効率は15〜20 %なので、この太陽電池10 m^2 で太陽光を真上から受けたときの出力電力は約1.5〜2 kWです。

　太陽電池には多くの種類がありますが、着実に改良が重ねられており、発電効率は年々上昇しています。現在の主流であるp型半導体とn型半導体を1対重ね合わせた太陽電池（単接合型）では、発電効率25 %が最高値です。一方で、複数の半導体を多層重ねて、利用できる波長を拡大した太陽電池（主流は3接合型）も開発されており、30 %を超える発電効率のものも製造されています。ただし、あまりに高コストなため、コストより効率が重視される宇宙用などに利用がかぎられています。

　レンズで太陽光を集光して単位面積あたりのエネルギーを増加させると、発電効率が上がります。3接合型太陽電池を用いた集光型で46 %が、執筆時点でのチャンピオンデータです。集光型には、太陽光の入射方向変化の影響を小さくできる、太陽電池面積を小さくできてコストダウンに貢献するなどのメリットもあり、近い将来の実用化が期待されています。

第3章
人体、空気・食物・水と化学物質

生態系を支える物質と光合成

執筆：保谷彰彦

　ヒトをはじめ、多くの生物は、生きるために酸素を必要とします。ところが、大気中には最初から遊離酸素があったわけではありません。現在の大気組成を見ると酸素が21％ほどを占めていますが、地球の46億年の歴史を振り返ってみると、原始地球の大気は二酸化炭素や窒素が主成分であり、酸素はほとんど存在していませんでした。

　大気中の酸素はどのようにして増えていったのでしょうか。

● 酸素が増えていったプロセス

　35億年前の地層から、シアノバクテリアの化石が発見されています。シアノバクテリアは光合成細菌の一種です。これらが光合成を行い、酸素を生みだしました。海中の酸素はやがて大気中に少しずつ放出されるようになります。さらに海中では、光合成をする真核生物が誕生しました。

　大気中の酸素が増え続けることで、生物の進化にとって大きな転機が訪れることになります。太陽光に含まれる紫外線が大気中の酸素と反応してオゾンが生成され、オゾン層が形成されたのです。オゾンには紫外線を吸収する働きがあるため、生物にとって有害な紫外線がオゾン層によりさえぎられるようになりました。やがてオゾン層に守られるようにして、海中から陸上へと進出する生物が現れました。

　このように、光合成をする生物は大気中に酸素をもたらし、地球の環境に大きな変化をもたらしたのです。

●光合成と「クロロフィル」

　陸上植物の存在を示す最古の化石は、4億2500万年前のものとされています。さまざまな化石が発掘されていますが、初期の陸上植物に葉はありませんでした。いわゆる「葉っぱ」をもつ植物が広まったのは、3億6000万年前とされています。植物の祖先が現れてから、少なくとも6500万年以上の時間が経過していたわけです。その後、「光合成を効率よく行える葉」を得た植物は、さらに繁栄し、いまでは砂漠や厚い氷雪におおわれた地域を除き、陸地の大部分を緑が占めるほどにまで分布が広がっています。

　光合成は、葉の細胞内にある葉緑体で行われます。葉緑体には、光エネルギーを吸収する働きをもつ「クロロフィル」という物質が含まれます。このクロロフィルが吸収する光エネルギーこそが、光合成の原動力となるのです。

　クロロフィルは、太陽光のうち、おもに赤色や青色の光を効率よく吸収します（太陽光は私たちには白い光に見えますが、実際には多様な色が混ざり合っています）。一方、緑色の光は、あまり吸収できません。クロロフィルで吸収されない緑色の光は反射される（残りは葉緑体を通過する）ので、私たちには、葉が緑色に見えます。

　光合成では、太陽の光エネルギーを利用して、二酸化炭素から糖やデンプンなどの有機物と酸素がつくりだされます。シアノバクテリアなどの光合成細菌や藻類などでも、クロロフィルで吸収した光エネルギーが利用され、二酸化炭素から有機物がつくられます。光合成生物がつくる有機物は、多くの生物にとって栄養になります。つまり光合成は、酸素の発生と有機物の合成という、2つの側面から生態系を支えているのです。

炭水化物はエネルギー源

執筆：小川智久

　炭水化物とは、微生物から植物、動物までさまざまな生物に存在する生体高分子の1つ「多糖類」を一般には意味しますが、それらを構成する単糖やオリゴ糖など糖質全般も含まれます。消化性の糖質と非消化性の食物繊維に分類される場合もあります。

　多糖類は、生物の構造体や防御物質、つまり、昆虫やエビ・カニなどの甲殻類の外殻（キチン）や植物の細胞壁（セルロース）、細菌（デキストラン）、藻類（カラギーナン、フコイダン、寒天など）などだけでなく、植物のデンプンや動物のグリコーゲンのようにエネルギー貯蔵物質としても存在しています。

● 炭水化物の1つ、デンプンの正体

　このうちデンプンは、皆さんが主食としているコメをはじめ、小麦、豆類、イモ類、トウモロコシといった主要な穀類に含まれています。デンプンは、分子量数十万～数千万のグルコース（ブドウ糖）の重合体ですが、直鎖状のアミロースと枝分かれ状のアミロペクチンからなります。デンプン中のアミロースとアミロペクチンの割合は、ものによって異なります。

　たとえば、モチ米やモチトウモロコシなどは、アミロペクチンの割合が100％です。一方、アミロースが30～40％と多いインディカ米は、硬くパサパサしています。対して、ササニシキなどのうるち米はアミロースが19％で、アミロペクチン含量が多くなるほど、粘りと歯ごたえが強くなります。すなわち食感を決める粘りと硬さのバランスは、アミロースとアミロペクチンの2種のデンプンの比率で決まるのです。

一方、「動物デンプン」とも呼ばれるグリコーゲンは、アミロペクチンと同じ結合様式であるものの、さらに枝分かれが多い構造をしています。体内で解糖系・クエン酸回路を経て、二酸化炭素と水にまで代謝されますが、アデノシン三リン酸ATPの生産に関わっており、エネルギー源であるといえます。

　植物のデンプンに話を戻しましょう。もう1つ、デンプンを語る上で欠かせないのが、アミラーゼです。唾液やすい液などの消化酵素のほか、ダイコンや麦芽汁、麹菌（こうじ）などにも含まれており、穀類のデンプンを糖にまで分解することで、日本酒、ビール、焼酎といったお酒の生産に一役買っているものもあります。また、このお酒の生産と同じ、デンプンの分解（液化、糖化）過程と発酵の組み合わせは、バイオ燃料や生分解性プラスチック（ポリ乳酸）の開発にも応用されています。まさに炭水化物はエネルギー源なのです。

図　アミロースの構造式

図　アミロペクチンの構造式

めぐるタンパク質とアミノ酸

執筆:小川智久

食事としてとった肉や野菜はどうなるのでしょうか。私たちが生きていくために必要な、運動のエネルギー源や生体を構成する成分に変えるべく、さまざまな栄養素が、消化・分解の過程で取りだされます。

● 私たちの毎日の食事は…

それでは、ブタを食べるとブタになるのでしょうか。

もちろん答えは、「いいえ」です。ブタ肉由来のタンパク質が、そのままブタのタンパク質としてヒトで使われるわけではありません。食物中のタンパク質は、胃や腸の消化酵素によってアミノ酸にまで分解され、回腸(小腸の一部)から吸収されます。そして、そのアミノ酸や体内で合成したアミノ酸を原料に、新たにタンパク質が合成されます。このとき、食事として取り込んだアミノ酸の50〜60%が、タンパク質の生合成に使われて体の一部となることがわかっています[※1]。

● 必須アミノ酸と遺伝情報

地球上の生物は、基本的に20種類のかぎられたアミノ酸[※2]をタンパク質生合成に共通に利用しているため、このように原料として再利用することが可能なのです。また、体内で合成できない、あるいは合成量が少ないため不足するものを「必須アミノ酸」と呼び、食物からとることになります。

アミノ酸の合成には多段階の反応過程が必要とされます。また、アミノ酸の種類によって、その原料が異なってきます。そのため

高等生物では、効率的にアミノ酸を食物から摂取できるように進化してきたと考えられています。この流れはいわば、「物質の流転」とも見ることができます。

しかし、共通のアミノ酸原料を用いた場合でも、それぞれのタンパク質は、ヒトならばヒトの遺伝情報(DNA塩基配列)にもとづいて合成されるため、ヒト(型)のタンパク質となるのです。したがって、ブタを食べたからといって、ブタにはならないのです。「ブタを食べてもブタにならないのか？」という今回の問いは、「食べる」という通常の行為から、生命の「生と死」、初期ギリシャ哲学者であるヘラクレイトスが思索したロゴス、あるいは大乗仏教の般若心経まで、深く考えさせられるテーマですね。

※1 参考：Rudolf Schoenheimer. *The Dynamic State of Body Constituents*. Harvard University Press, Cambridge, Massachusetts, 1942
※2 グリシン以外のαアミノ酸には、光学異性体（L型とD型）が存在するが、すべての生物のタンパク質を構成するアミノ酸はL型。

図　タンパク質の摂取イメージ

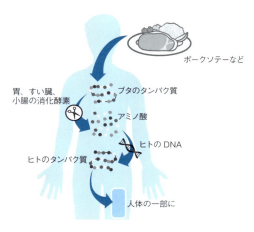

ビタミンとミネラルの働き

執筆：滝澤 昇

　私たちにとっての三大栄養素といえば、炭水化物（糖質）、タンパク質、脂質です。タンパク質は体をつくり、炭水化物や脂質は生きていくためのエネルギーとなります。また脂質は臓器の保護や保温にも役立っています。栄養素のうち、これら三大栄養素以外の有機物（炭素原子を含む物質）はビタミンと呼ばれ、無機物（金属元素など）はミネラルと呼ばれます。これらを合わせて五大栄養素といいます。ビタミンとしては、A、B群、D、E、K、またミネラルとしてはナトリウム、マグネシウム、リン、カリウム、カルシウム、クロム、マンガン、鉄、銅、亜鉛、セレン、ヨウ素などが挙げられます。では、ビタミンやミネラルはどんな役割をしているのでしょうか。

●連なる生化学反応

　生物の体の中では、たくさんの化学反応が起こっています。生命を維持するための化学反応なので、「生化学反応」と呼ばれます。生化学反応は、いくつも連なって行われています。この連続した反応が「代謝」です。たとえば白いご飯を食べたら、まず口の中や胃腸でブドウ糖にまで分解されます。ブドウ糖は腸で吸収され、血流にのって体中の細胞に運ばれます。血液から細胞に取り込まれたブドウ糖は、20余りの連続する生化学反応を経て、二酸化炭素と水になります。この間にエネルギーが生みだされたり、さまざまな物質につくりかえられたりします。タンパク質も、アミノ酸に分解されて吸収されたあと、体に必要なさまざまなタンパク質につくりかえられます。

●酵素、補酵素との関係は？

　ミネラルは、この生化学反応をコントロールしている酵素（タンパク質）に結合し、反応の中心的な役割をしたり、タンパク質の形を整える役割を担ったりしています。細胞内のイオン濃度を整えて、生化学反応をスムースに進める働きもあります。

　一方ビタミンは、細胞の中で少し変換されて「補酵素」と呼ばれるものになります。補酵素は文字通り酵素の働きを補助します。どの補酵素がどの酵素を助けるかは決まっています。

　このように、タンパク質にとって、またエネルギーや体に必要な物質をつくり上げる反応の中で、ビタミンとミネラルは不可欠です。そのため足りなくなると、体の調子が悪くなったり、脚気などの病気になるわけです。

　ビタミンもミネラルも、体に必要な量はごくわずかで、1日あたりの必要摂取量はmgからμg（1000分の1 mg）の単位で表されるものです。ですから取り立ててサプリメントで補充する必要はなく、毎日バランスのよい食事を心がけていると、おのずから補給されるものです。

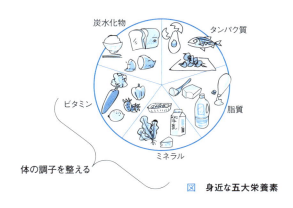

図　身近な五大栄養素

明らかに発がん性がある物質とは?

執筆:小川智久

　世界保健機関(WHO)の外部組織である国際がん研究機関(IARC)が、疫学調査などによるヒトでの発がん性データと、実験動物でのデータにより、発がん性を総合的に評価したリストがあります(2016年9月現在、116巻からなるモノグラフ[※1])。990種類を超えるさまざまな化学物質や環境について、ヒトに対する発がん性が認められる「グループ1」から、発がん性があると考えられる「グループ2」(2Aおよび2B)、分類できない「グループ3」、そして発がん性がおそらくない「グループ4」に分類されています。

　したがって2016年9月現在、「明らかに発がん性がある物質とは?」との問いに対しては、ヒトへの発がん性を示すのに十分な証拠があるとされる、上記「グループ1」118種の物質があてはまります(一部の物質については諸説あり)。挙げられている中には、本書に登場しているアフラトキシン、ヒ素、アスベスト、ベンゾピレン、カドミウム、六価クロム、ホルムアルデヒド、放射線(ガンマ線、中性子線など)、プルトニウム239、ポリ塩化ビフェニル、放射性ヨウ素、トリクロロエチレン、アルコール飲料、タバコ、硫酸などもあります。さらにいくつか紹介します。

● **アリストロキア酸**

　ウマノスズクサ(*Aristolochia*)属の植物に含まれる物質で、ベルギーではこれを含むダイエット薬が販売され、腎臓障害、泌尿器系の悪性腫瘍を引き起こして問題となりました。日本でも生薬・漢方薬の呼称の違いにより取り違えられる場合があり、要注意です。

●ハムやソーセージなどの加工肉

2015年、統計とともにIARCが発表し、広く報道されました。原因物質について言及がなく、日本でも結着補強剤のリン酸塩や保存料のソルビン酸への懸念が広がったため、国立がん研究センターが「日本人の赤肉・加工肉の摂取量は世界的に見ても低く、平均的摂取の範囲であれば大腸がんのリスクへの影響はほとんど考えにくい」[※2]と発表する事態になりました。

●ベンゼン

かつては染み抜きなどに使われ、ガソリンに含まれることでも知られました。有害性が明らかになり、家庭用品には使われなくなったり、含有量が下げられたりしています。一方で2008年、東京の豊洲市場予定地から高濃度で見つかり、問題になりました。土壌汚染対策工事後、2016年現在も調査が続けられていますが、石炭を使用していた古いガス工場の跡地であったこと、ベンゼンの揮発性が高いことが原因と考えられています。

●腫瘍ウイルス、細菌など感染症

ヒトパピローマウイルス(HPV)は子宮頸(けい)がんを引き起こしますが、これはウイルス由来のタンパク質(E6、E7)が、がん抑制遺伝子産物(p53、pRB)を働かなくすることが原因です。一方、ピロリ菌のCagAタンパク質が細胞極性や細胞増殖、炎症促進のシグナルを混乱させて、胃がんを発症させることが近年明らかにされました。

※1 参考："AGENTS CLASSIFIED BY THE IARC MONOGRAPHS, VOLUMES 1-116"
　　　http://monographs.iarc.fr/ENG/Classification/index.php
※2 引用：国立がん研究センター「赤肉・加工肉のがんリスクについて」
　　　http://www.ncc.go.jp/jp/information/20151029.html

発がん性と変異原性

執筆：大庭義史

　化学物質がヒトに与える影響のうち、「発がん性」の有無は関心の高い項目の1つです。この発がん性について、その意味と根拠をあらためて考えてみましょう。

　正常な細胞をがん細胞に変える性質を発がん性といい、正常な細胞のDNAが傷つき、遺伝子が異常になることでがん細胞は発生します。遺伝子の異常を引き起こす原因にはさまざまなものがありますが、80％以上が化学物質によるもので、このようながんを引き起こす化学物質のことを発がん性物質といいます。

●どのように調べる？

　ある化学物質が発がん性をもつかどうか、すなわち発がん性物質かどうかを調べる方法として、「がん原性試験」があります。実験動物に対して、ほぼ一生涯にわたって化学物質を投与し、死亡後、すべての組織についてがんの有無を確認するという方法です。しかしこの方法は、多くの動物の命と時間、費用を必要とするため、多くの化学物質の発がん性を短い期間で調べることはできません。

●短期間で予測しやすいエームズ試験

　多くの化学物質について短期間で発がん性を予測する試験として、遺伝子の変異につながるDNAの変異を引き起こす力「変異原性」を調べる「変異原性試験」があります。変異原性を調べる代表的な方法にエームズ（Ames）試験があります。

　アミノ酸の一種であるヒスチジンがない条件では生きていくこ

とができない、特別なサルモネラ菌に化学物質を作用させます。その結果、サルモネラ菌の増殖が観察されれば、ヒスチジンがない条件では生きていくことができないはずのサルモネラ菌が突然変異したということになり、作用させた化学物質は変異原性をもつことになります。

● **ただ、限界も…**

エームズ試験は変異原性をもつ化学物質を安価で短時間に見いだすことが可能な手法ですが、この試験で陽性を示した化学物質のすべてが発がん性物質であるとはかぎりません。また、ヒトから離れた種を使った試験なので、最終的には哺乳動物などを使った病原性試験などにより、発がん性物質であるか否かの評価をすることになります。

図 エームズ試験の考え方

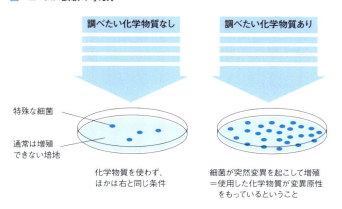

「焦げ」に発がん性物質が含まれる？

執筆：和田重雄

「"焦げ"を食べるとがんになる」という話を聞いたことはありませんか。焦げの中のなにが原因となっているのでしょうか。

食材や食品を加熱すると、がんを起こしやすい物質ができてしまいます。それを大きく2つに分けると、真っ黒になるぐらいの焦げによって生じるものと、一般的な調理における加熱で生じるものがあります。

●排気ガスにも含まれるベンゾピレン

完全に炭化するぐらい焼いてしまったときに生じるのが、ベンゾピレン（ベンツピレン）という発がん性の大変高い物質です。といっても、焦げの中には少量しか存在しません。動物実験で、その体重以上の量の焦げを、数年以上という長期にわたって与えた場合に発がんが確認されたというものです。これは、タバコの煙や自動車の排気ガスなどにも含まれていますが、焦げを好んで大量に食べる人や喫煙者でないかぎり、事実上、ベンゾピレンによる発がんは気にしなくてよいでしょう。

●加熱調理で生じる発がん性物質

さほど焦げていなくても加熱処理だけで、発がん性があると考えられる物質が生じることがあります。1つは、1970年代に魚の焦げの中から発見された、ヘテロサイクリックアミンというものです。これは、タンパク質を多く含む肉類、魚介類を150℃以上で調理したときに、アミノ酸からできてくるものです。しかしながら、その含有量はごく微量であり、毎日のように、やや焦げの多い魚

を食べ続けたとしても、がんを引き起こすまでにはいたりません。

もう1つ気になる物質が、21世紀になってから発がん性が発見されたアクリルアミドです。アスパラギンなどのアミノ酸と糖類を含む食品を加熱した際に生じるものです。これは、生もの以外のすべての加熱加工した食品に含まれています。その中でも、ポテトチップスやフライドポテト（フレンチフライ）での含有量が多くなっています。これも、毎日3食フライドポテトをおなかいっぱい食べるような生活を続けたとしても、がんを引き起こすほどの量ではありません。減らすにこしたことはありませんが。

●発がんを予防する食品成分

私たちは、多かれ少なかれ、種々の発がん性をもった物質を含む食品を毎日食しています。一方で、がんの発生を予防するものも身近にたくさんあります。ビタミンC、フラボノイド（カテキンなど）、リコペン、キサントフィルなどといった、植物性食品に含まれるものです。これらは、発がん機構の各部位で有効に働くことが科学的にも証明されています。食事が原因のがん発生を防ぐには、偏食をせずに、植物性食品をしっかりとることが必要であると考えてもよいでしょう。

図　**植物性食品の例**

パプリカ

緑茶

トマト

ほうれん草のソテー

フライドポテトにもあるアクリルアミド

執筆：浅賀宏昭

「フライドポテトやポテトチップスには、アクリルアミドという物質が含まれている」と、スウェーデン政府が2002年に発表し、騒ぎになりました。神経毒性や肝毒性のほか、発がん性の疑いもあり、日本では劇物指定されている物質だからです。

食品を焼くなどして加熱した場合に、褐色になる現象はなじみ深いものです。この現象はメイラード反応といい、糖質とアミノ酸がいっしょに加熱されて起こります。ほとんどの食品は加熱し続ければ真っ黒い炭となりますが、この前に見られる反応で、食品の製造・加工においても、程よい歯ごたえや風味をもたらすので重視されます。アクリルアミドは、この反応と同時に生成されてしまうようです（前項参照）。

● 工業・医療分野でも使用

アクリルアミドは、紙力増強剤、合成樹脂、合成繊維、排水中などの沈殿物凝集剤、土壌改良剤、接着剤、塗料、土壌安定剤などの原料です。粉末は白色で、水溶液は無色透明で粘度は低いのですが、重合すると無色透明のゲル状になります。これはタンパク質や核酸の分析に欠かせないポリアクリルアミドゲルの材料に使われます。ゲルは無毒で、通電で縮む性質があり、人工筋肉の素材としても研究されています。

● 人体への影響

アクリルアミドに人体が短期間さらされると、眼、皮膚、気道などが刺激され、脳や脊髄などの中枢神経系に影響がおよびます。

長期間さらされた場合には、末梢神経系にも影響がでます。発がん性については、国際がん研究機関(IARC)の評価で2Aレベル「人に対しておそらく発がん性がある」で、これは魚の焦げやディーゼルエンジンの排気ガスに含まれる発がん物質と同じレベルです。

国際連合食糧農業機関(FAO)と世界保健機関(WHO)の合同食品添加物専門家会議でもアクリルアミドの評価がされました。食品からの平均的な摂取量では生殖毒性や発生毒性、神経学的影響などはないとされていますが、遺伝毒性および発がん性はある可能性が懸念されています。

厚生労働省や農林水産省は、加工食品中のアクリルアミドを調査して結果を公開し、消費者には、十分な野菜や果実を含むさまざまな食品をバランスよくとり、炒め調理や揚げ調理の際には高温を避け、長時間加熱しないよう呼びかけています。炒め調理の一部を蒸し煮にする工夫も紹介しています。今後は、食品中のアクリルアミドのリスクをより正確に評価するため、疫学的調査を進める必要があると考えられています。

図 **アクリルアミドが含まれている食品の例**

参考:農林水産省「食品中のアクリルアミドに関する情報」
http://www.maff.go.jp/j/syouan/seisaku/acryl_amide/

食品への放射線照射、その安全性

執筆：山本文彦

　日本では食品衛生法によって食品への放射線照射は原則禁止されていますが、ジャガイモの発芽防止についてだけは認められています。ガンマ線という放射線をジャガイモに当てると、発芽細胞を傷つけて発芽を防止することができます。ジャガイモは発芽すると商品価値が落ちますが、発芽を止めることで長期保存が可能になります。この照射は北海道士幌農協でのみ行われ、3〜4月に出荷するジャガイモの一部が対象とされています。「ガンマ線照射」の表示がパッケージに記載され、通常のジャガイモと区別できるようになっています。

● 海外では殺菌や食中毒予防にも

　海外では、殺菌や殺虫、食中毒の予防を目的に、小麦、香辛料、肉などが放射線照射されています。日本でも、2000年に全日本スパイス協会より、香辛料に対する放射線滅菌の許可申請がなされましたが認められていません。「食品が放射能を帯びるのではないか」「発がん性のある危険な物質ができるのではないか」といった心配が消費者から寄せられたためです。

● 食べて害が起こるのか？

　放射能とは放射線をだす能力のこと。アルファ線や陽子線、中性子線などの放射線には、原子にぶつかって物質に放射能を帯びさせる力があります。しかしガンマ線にはその力はありません。ガンマ線を食品に照射しても食品が放射能を帯びたりはしないのです。では、食品の成分が、放射線によって変質したりするので

しょうか。放射線によってどの成分が危険な物質になるのかを特定するのは難しいため、動物実験などで実際に照射食品を食べさせて異常を調べる必要があります。国内外で多くの研究が行われていますが、照射食品による悪影響を示す証拠はまだ見つかっていません。

● **社会に受け入れられるには時間がかかる**

　証拠が見つからないから安全だということにはなりません。ただ、食品の安全性の基準は難しく、なにをもって安全とするのか、誰が判断して認定し責任をとるのかもはっきりしていません。そうである以上、最終的な判断は私たち消費者に委ねられることになります。いまではあたり前となった牛乳の低温殺菌の技術でさえ、社会に受け入れられるまでに何十年もかかったように、放射線照射食品が社会に受け入れられるには、消費者が判断し選べるような情報公開のしくみや流通システムの確立が必要なのです。

図　ジャガイモに対する放射線照射のイメージ

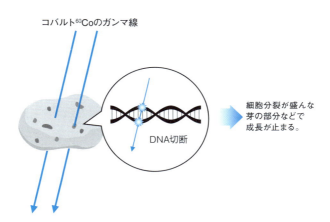

ジャガイモに含まれる毒

執筆:保谷彰彦

　ジャガイモは、トマトやナス、トウガラシと同じナス科というグループの植物です。ジャガイモには、畑で栽培される栽培種のほかに、自然の中で生えている野生種があります。ジャガイモとしては150種ほどの種類が知られていますが、そのほとんどが野生種。栽培種は7種ありますが、私たちの身近にあるジャガイモは1種だけです。

　その1種を品種改良したものが、世界中で食糧とされているたくさんの種類のジャガイモになったのです。

　ジャガイモの野生種は多くが南米原産とされています。ジャガイモが栽培されるようになったのは紀元前5000年ごろといわれています。つまりジャガイモの栽培種は、7000年以上の時間をかけてつくられてきたことになります。この間に、より人間が食べやすいように品種改良がなされてきたのです。

● **ジャガイモによる食中毒**

　ところが、ジャガイモには人体にとって毒となる成分も含まれていて、ときには食中毒の原因になることがあります。その毒の正体は、おもにソラニンとチャコニンという物質であり、それらはステロイドグルコアルカロイド(SGA)と総称されます。

　ジャガイモのSGAは、芽やその周辺部、皮層などに多く含まれています。掘りだしたジャガイモを日に当てると、表皮が緑色になることをご存じでしょうか。実は、この変色時に、SGAの含有量が増加することがわかっています。また、栽培条件などが悪ければジャガイモは小さくなりますが、小さなジャガイモほどSGA

の濃度が高くなるという報告もあります。

　ソラニンやチャコニンが含まれるジャガイモの部分を、誤って口にすれば腹痛や下痢などを起こします。場合によっては中毒死にいたることもあるといいます。

　大きくて緑色でないジャガイモを選ぶように心がけ、芽があれば周辺も含めて取り除き、しっかり皮をむいて適度な量を食べているかぎりは、ソラニンやチャコニンによる食中毒は生じないでしょう。

　収穫したジャガイモには、コバルト60のガンマ線を照射することで発芽を抑えることができます（前項参照）。この方法は食品衛生法によって規制されており、日本ではジャガイモだけに許されています。

●どのぐらい含まれている？

　ジャガイモの可食部分には、100 gあたり平均7.5 mg（0.0075 g）のソラニンやチャコニンが含まれています。そして、そのうち3～8割が皮の周辺にあります。光に当たって緑色になった部分は100 gあたり100 mg（0.1 g）以上のソラニンやチャコニンを含んでいるといわれています。また、芽や傷のついた部分にもソラニンやチャコニンが多く含まれます。

　体重が50 kgの人の場合、ソラニンやチャコニンを50 mg（0.05 g）摂取すると症状がでる可能性があり、150～300 mg（0.15～0.3 g）摂取すれば死にいたる可能性があります。最近では、ソラニンやチャコニンといったSGAのつくられるメカニズムについて研究が進んでいます。SGAを含まない、安心・安全なジャガイモの誕生に期待が高まります。

アルコールの功罪

執筆：滝澤 昇

　大人にとって1日の終わりの楽しみといえば、クリームのようなアワが盛り上がっていてきりっと冷えた生ビール、あるいは味わいたっぷりの日本酒一献でしょうか。ほろ酔いの適量なら1日の疲れもとれてよいのですが、飲みすぎると、視界がくるくる回って歩けない、心臓がドキドキする、気分が悪くなる、といったことになりかねないのは周知の通りです。あげくは倒れて救急車で病院に運ばれ、最悪の場合は死亡事故にいたることもあります。

　東京消防庁管内では、2014年に1万4000人余りが急性アルコール中毒のため救急車で搬送され、その約半数が20歳代の若者です。お酒の怖さを知らずに、その場の勢いで飲んでしまうのでしょう。ところでこのお酒、体の中に入るとどのようになるのでしょうか。

● 飲んだお酒はどうなる？

　お酒を飲むと、アルコールは2割が胃で、8割が腸で吸収され、血流にのって体中へと運ばれます。アルコールは、おもに肝臓で分解されます。アルコールはまずアルコール脱水素酵素の作用でアセトアルデヒドになり、さらにアルデヒド脱水素酵素の作用で酢酸となります。その後、ブドウ糖の分解代謝経路に合流して、最終的には水と二酸化炭素になります。

　アルコールの代謝速度は大人で1時間に1mL程度と速くないため、分解される前に体中をめぐり脳の機能を麻痺させ、お酒に酔った状態を起こします。血中のアルコール濃度が0.04％程度までは少し陽気になるぐらいですみますが、0.4％で脳全体が麻痺

し、呼吸中枢も危険となります。血中アルコールが脳に影響をおよぼすまでに30～60分程度の時間がかかるため、イッキ飲みすると、脳に影響がおよんだときには、すでに血中アルコールが高濃度になっていて、手遅れとなります。

そこまではいたらなくても、アルコールを肝臓で代謝するときには大量の水分が消費されるため、髄液の水分が失われ低圧状態となって脳周囲の神経が刺激を受けること、アセトアルデヒドが酸化される際に酸素が多く取り入れられ、その結果血管が拡張されて血管が刺激されること、アルコール代謝により低血糖となりアドレナリンが放出されて神経が過敏になることなどが原因で、頭痛が起こると考えられています。

またアセトアルデヒドは毒性が高く、体をつくる細胞やタンパク質などを酸化して壊してしまったり、体の中の化学反応を阻害したりします。日本人を含むモンゴロイドと呼ばれる人種には、遺伝的にアルデヒド脱水素酵素の作用が弱いか、または作用をもたない人がたくさんいます。日本人では半数近くがこれにあたります。欧米人と比べて日本人がお酒に弱い理由がわかりますね。お酒を代謝できない人にお酒をすすめるのは、絶対に許されないことを知っておいてください。

原料生産者や醸造技術者が丹精を込めてできたお酒。その人たちの気持ちをいただきながら味わいたいものですね。

図 エタノール（アルコールの一種）の構造式　　図 アセトアルデヒドの構造式

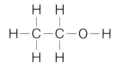

赤ワインやお茶を飲めば健康？

執筆：浅賀宏昭

　赤ワインといえば、フレンチ・パラドクス。これはフランス人が、ふだんから大量の動物性脂肪をとっているのに、心臓疾患で亡くなる人が少ないことからいわれるようになったものです。これを科学的に説明しうるのが、彼らの赤ワインを飲む習慣です。

　赤ワインには、ブドウ果皮のポリフェノール類が含まれています。中でも有名なのがレスベラトロールで、ほかのポリフェノールと同様に抗酸化機能があり、動物では認知症予防、血糖値抑制、抗がん作用や寿命延長効果などが確認されています。人体にも血流改善、動脈硬化予防、一部のがんのリスク低下や認知症予防効果の可能性があると指摘されています。

　興味深いのは、レスベラトロールを毎日150 mg摂取すると、寿命延長効果のあるカロリー制限を実施した際と同様に、代謝率、血糖値、血圧などが低下し、肝臓の脂肪量減少が報告されている点です。長寿遺伝子ともいわれるサーチュイン遺伝子との関連や、長寿薬の開発という観点からも研究されていますが、長期摂取の効果については研究成果をもう少し待つ必要があります。ただレスベラトロール150 mgといえば、赤ワインの数十L分なので、サプリメントで摂取しようと考える人が増えています。

●緑茶にはカテキン

　緑茶に含まれる注目の有効成分もポリフェノールの仲間のカテキン類です。渋みがあるので嫌う人もいますが、人体にさまざまなよい作用があります。

　たとえば、カテキン類は小腸内でリパーゼの働きを阻害し脂肪

分の消化・吸収を妨げ、コレステロールの吸収も阻害します。抗菌作用もあり、虫歯防止や感染症予防に効果があります。さらに肝臓などにおいて脂質代謝酵素の合成を誘導します。これらは血中コレステロール値の抑制や内臓脂肪低減効果をもたらすので、カテキン類を関与成分とした特定保健用食品（トクホ）が販売されています。抗酸化作用もあり、これが発がん予防効果にもつながっているようです。血圧上昇抑制、血糖値抑制、抗アレルギー作用なども報告されています。

● 摂取のポイント

　以上のように、赤ワインにも緑茶にも保健機能があります。赤ワインの飲みすぎは禁物ですが、加熱してエタノールを除去し、料理に用いてはいかがでしょう。カテキン類は、サプリメントで1日に600 mg（緑茶10～20杯分。トクホ飲料1本分相当）の長期間摂取で肝臓障害が生じた例が海外にあるので、サプリメントの利用は注意する必要があります。

　赤ワインや緑茶はほかの有用成分も含んでいるため、適量をそのままとったほうがよいかもしれません。

図　レスベラトロールの構造式

図　カテキン（エピカテキン）の構造式

しょうゆを大量に摂取した際の食塩中毒

執筆：左巻健男

かつて日本に徴兵制があったとき、男性は20歳になると身体検査をメインとする徴兵検査がありました。検査の結果、成績の善し悪しで「甲種」から順に「第一乙種」「第二乙種」「丙種」などにランク分けされ、身体や精神の状態が兵役に適さない者は「丁種」とされました。徴兵検査で甲種合格となると、国から「優秀な帝国臣民」（一人前の男）と認定されるので、名誉とされた半面、現役徴集の可能性がきわめて高いことを意味していました。

そこで、徴兵されにくくするために、検査の前にしょうゆを大量に飲んだ人たちがいたといわれています。顔色は青くなり、心臓の鼓動が激しくなるので、心臓病として「丙種」のランクになるということです。

しかし、ときとして、簡単には治らない病気になってしまったり、死んでしまったりする場合もあったようです。

では、しょうゆの大量摂取で問題になるのはなにかといえば、食塩なのです。その主成分は塩化ナトリウムです。

一般のしょうゆ（濃口）は、塩分濃度が約16％です。密度が$1.12\ \text{g/cm}^3$程度なので、100 mLなら112 gだから、その中の食塩は、$112 × 0.16 = 18\ (\text{g})$程度です。

●しょうゆのがぶ飲みによる食塩中毒

食塩の急性毒性半数致死量（LD50）は、3～3.5 g/kgとされています。文献によっては0.75～5 g/kgや0.5～5 g/kgなどと記載されていることもあり、同じ経口摂取でも、ラットとマウスでLD50が違うようです。

LD50を3 g/kgとして、体重60 kgの人を考えると、180 gで半数が死ぬことになります。これはしょうゆ1 Lに相当します。ただ、LD50には幅がありますし、体調の違いもありますから、もっと少量でも危険です。しょうゆのヒト推定致死量は2.8～25 mL/kgであるというデータもありました。

　食塩中毒は、胃洗浄を高濃度食塩水で行った際、嘔吐をさせるために食塩水を多量に飲ませた場合など、医療現場での症例があります。各臓器のうっ血、くも膜下や脳内の出血などが見られています。

　自殺目的でしょうゆ約600 mLを飲用した例では、意識レベルが次第に低下し、顔面けいれん、全身けいれんを起こし、最後には脳浮腫による中心性ヘルニアで脳死状態になっています。中心性ヘルニアになったのは、浸透圧を下げる目的で5％糖液を急速輸液したことが原因となったとしています。したがって、食塩中毒の治療では、浸透圧をゆっくり下げる方法や、腹膜透析などの手段を選ぶべきと考えられるとのことです。

表　身近なしょうゆとその塩分量

しょうゆ	つけじょうゆ マグロ刺身3切れ分	多め→しょうゆ0.85 g（塩分量0.12 g） 少なめ→しょうゆ0.44 g（塩分量0.06 g） ※わさびを併用すると使用量はさらに減る。
たれ	つけだれ（しょうゆ50％） ぎょうざ1個分	多め→たれ2.9 g（塩分量0.23 g） 少なめ→たれ0.5 g（塩分量0.04 g）
つゆ	つけつゆ（しょうゆ20％） そうめん220 g分	多め→つゆ90 g（塩分量3.1 g） 少なめ→つゆ62 g（塩分量2.1 g） ※口に入るつゆは、 　多めで2.1 g、少なめで0.8 g。

出典：『調理のためのベーシックデータ 第4版』（女子栄養大学出版部）より抜粋、構成

食塩を摂取しても血圧が上がらない人

執筆：左巻健男

　スーパーの食品売り場に山のようにある減塩食品。減塩しょうゆや減塩みそ…。

　「食塩摂取量の極端に少ないイヌイット（エスキモー）には高血圧がほとんどいない」「食塩摂取量が多い秋田県の人々は、少ない沖縄県の人々より高血圧が多い」という調査結果が知られたことから、食塩は高血圧に関係が深いというイメージが生まれていました。高血圧症予防のために、塩分の摂取を、18歳以上の男性は1日8g未満に、18歳以上の女性は1日7g未満に抑えようというのが厚生労働省の指導です。世界保健機関（WHO）は1日5gを目標値にしています。それが、減塩食品が多数ある理由なのです。

　ところが、食塩は高血圧に関係が深いというイメージをくつがえす「インターソルト・スタディ」といわれる調査の結果がでました。食塩と血圧の関係を明らかにするため、1987年と1988年、世界32か国の52の地域で、本格的で大規模な疫学調査が行われたのです。

　調査方法は、食事内容を聞いて食塩摂取量を推定するというこれまでの方法をやめ、住民の尿を集めて、それを分析することで食塩摂取量をはかるという厳密な方法に変えました。ほとんど食塩を摂取しない、高血圧の人もいない4つの未開民族を調査対象に入れると、食塩の摂取と血圧には弱い関連がありました。しかし、生活環境が極端にほかとは違う4つの未開民族のデータを除くと、食塩摂取量と高血圧は関係ないという驚くべき結果になったのです。

● 食塩感受性の人と食塩非感受性の人がいる

その後、食塩感受性と食塩非感受性といって、食塩を摂取したときの血圧の変動が人それぞれに異なることがわかってきました。

高血圧患者の中には食塩を摂取すると血圧が上昇しやすく、また減塩や利尿薬投与をするとすぐに血圧が下がる人たちがいます。この高血圧を「食塩感受性高血圧」と呼んでいます。

一方、食塩を摂取しても血圧の上昇は少なく、また減塩や利尿薬投与をしても反応しない人たちがいます。これを「食塩非感受性高血圧」と呼んでいます。前者が30〜50％、残りが後者です。全体的には後者のほうが多いのです。

遺伝的に食塩感受性が高く、食塩摂取量が増えると血圧が上がるという人以外は、ふつうには食塩を制限する必要はないと考えられます。ただし、いまだ誰が食塩感受性の人かわからない面があるので、男性は8g未満に、女性は7g未満にしておいたほうが無難ということでしょう。

図　**食塩感受性が高い可能性のある例**

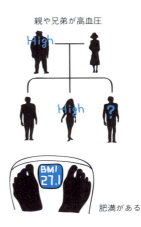

「コレステロール摂取制限が撤廃」の謎

執筆：和田重雄

2015年4月、高コレステロール血症の人には朗報と思える発表がありました。厚生労働省が、食事からのコレステロールの摂取目標量（上限値）を撤廃したのです。動脈硬化などの生活習慣病に影響するはずなのに、どういうことなのでしょうか。

● コレステロールとは

コレステロールは細胞膜の働きを維持したり、ステロイド系の副腎皮質ホルモン、性ホルモンの原材料になったり、脂肪の消化・吸収を助ける胆汁の主成分であったりと、ヒトをはじめすべての動物が生きていくのに必要不可欠な栄養素です。乳児用の粉ミルクにわざわざ追加しているくらいです。

ところが、血液中の総コレステロール量が多すぎたり、LDLコレステロール（いわゆる悪玉コレステロール）とHDLコレステロール（いわゆる善玉コレステロール）のバランスが崩れたりすると、動脈硬化などが起きやすくなります。

● 食事性コレステロールと血中コレステロール

私たちの体内にあるコレステロールは、体内での合成と食物からの吸収でまかなわれています。前者は、1日に体重50 kgの人で0.60 g程度ですが、食物からのコレステロール（食事性コレステロール）は、その3分の1～7分の1です。また、食事性コレステロールが多くなると体内合成量が減少し、食事性コレステロールが少なくなると合成量が増加します。すなわち、コレステロールの摂取量は、血中コレステロールの量に直接反映されないのです。

それがきちんと調査され、2015年2月に米国農務省が、食事性コレステロール摂取量と血中コレステロールのあいだに明らかな関連性が見いだせないという理由から、摂取制限をなくしました。日本でも同様の処置をとったのです。

といっても油断は禁物。このデータは健常者に対するもので、高コレステロール血症の人にあてはまるとはかぎらないのです。

● 高コレステロール血症の傾向と対策

高コレステロール血症になる原因の1つは、体内でのコレステロール合成量が多くなることです。この場合、体内合成を抑えることが重要です。対策は、一般の生活習慣病のものと類似しています。つまり、偏食せず、結果的にコレステロール合成を抑える食品（海藻類、野菜、大豆食品、青魚など）をとること。禁煙や節酒（飲酒量を減らすこと）、適度な運動も効果的です。医師から、コレステロール合成阻害薬が処方されることがしばしばあります。

とはいえ、食物から吸収される量を減らすにこしたことはないと考え、高コレステロール食品や飽和脂肪酸摂取量を減らすべしと指導する医者も少なくありません。高コレステロール食品には高タンパク質の食品もあり、その制限による低栄養の可能性が、高齢者を中心に指摘されています。

図　**コレステロール値を下げる食品の例**

「乳酸は疲労物質」ではない!?

執筆：小川智久

　カエルの筋肉を用いたアーチボルド・ヒルらの有名な実験(1929年)から何十年もの間、乳酸は筋肉の疲労物質として考えられてきました。

　これは、筋肉収縮のときのエネルギー源としてグリコーゲン(糖)が分解される際にでてくる乳酸が蓄積して、体内(血液)の酸塩基平衡が酸性側(アシドーシス)になり、収縮タンパク質の機能を阻害するためと考えられていたからです。

　しかし2001年、ニールセンらの研究で、乳酸ではなく細胞外に蓄積したカリウムイオンが筋肉疲労の鍵物質であることが明らかになりました。筋肉が収縮するとき、カリウムイオンが細胞内から細胞外へ移動しますが、このカリウムイオンが筋肉の収縮能を低下させるのです。これはカリウムイオンが、筋線維における活動電位の増幅に関わるナトリウムチャネルを阻害することによると考えられています。さらに、カリウムイオンにより弱められた筋肉に乳酸を添加すると、従来の説とは逆に回復が見られることも示されました[※1]。乳酸は、むしろ筋肉疲労を防ぐ作用があるのです[※2]。

　また、疲労物質としては、リン酸の蓄積も原因として考えられています。リン酸は、エネルギー貯蔵物質であるATPやクレアチンリン酸の分解によりできますが、きつい運動のあとで増加することがわかっています。リン酸の濃度が増加するとミオシンのATP分解活性や筋原線維のカルシウムに対する反応性、筋小胞体のカルシウム濃度の調節機能などが低下することが明らかになり、筋肉疲労の原因と考えられています。

●水分が不足したときも

激しいスポーツなどでたくさん汗をかいたときや、嘔吐や下痢などによる脱水が起きてしまったときにも、疲労を感じます。これは血液中の水分が不足してカリウム、ナトリウムやカルシウムなどのミネラルのバランスが崩れて、筋肉の収縮が正常にできないためで、筋肉が緊張して、つった状態（こむら返りなど）が起こりやすくなります。このことからも、カリウムイオンやリン酸（カルシウムイオンを介して）は、筋収縮に影響し筋肉疲労を起こす原因物質の1つと考えられます。

これまで乳酸は、激しい運動のあとグリコーゲンの分解によってつくられて蓄積することから、疲労の原因物質と考えられていました（現在でも筋肉疲労だけでなく、筋肉痛の原因と誤解されています）。しかし実は、激しい運動のあとに疲労を回復させるための防御物質、筋収縮を促進・保護するための栄養物質なのです。

※1 Thomas H. Pedersen, Ole B. Nielsen, Graham D. Lamb2, D. George Stephenson "Intracellular Acidosis Enhances the Excitability of Working Muscle" *Science* Vol. 305, Issue 5687,pp.1144-1147, 2004
※2 乳酸によりpHが低下して塩化物イオンの細胞透過性が落ち、活動電位をつくるのに必要なナトリウムイオン流入量を減少させる。結果的に筋線維の収縮性を支えて、疲労を抑える。

図　**ミネラルのバランスが鍵**

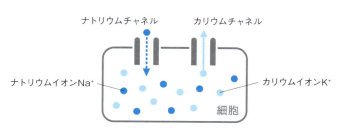

プリン体食品をやめれば痛風はよくなる?

執筆:浅賀宏昭

プリン体とは、プリン環と呼ばれる化学構造をもつ物質のこと。遺伝子の本体のDNAや、その働きを助けるRNAを構成する塩基のアデニンとグアニンがこの構造をもちます。また、これらの代謝物やカフェインにもプリン環構造があります。

多数の細胞からなる食品、たとえば、精巣（白子）、卵巣、肝臓（レバー）、干物やかつおぶしのプリン体含有量も目立ちます。これらには、アデニン、グアニンと、アデニンの代謝物であるヒポキサンチンなどが多く含まれています。

● **プリン体と代謝**

プリン体は、不要になると、おもに肝臓で尿酸に変えられ、腎臓経由で尿として排出されます。しかし、尿酸は血中で溶けきれなくなると、しばしば結晶をつくります。するとその周囲の感覚神経で痛みを感じます。これが痛風です。

食事でとらなくても、体内でプリン体はかならず生じます。体の細胞は少しずつ死ぬため、それらのプリン体を代謝して、排出する必要が生じるのです。適度な運動は、健康を維持するために重要なことは常識ですが、運動は体を動かすので細胞がいたみ、プリン体代謝量は増えます。

水分をとらずに運動すると、尿酸濃度は特に高くなります。ストレスも尿酸濃度を高めます。体質が関係することもあります。また、女性ホルモンのエストロゲンは体内の尿酸濃度を下げます。痛風患者に男性が多いのは、エストロゲンが少ないためです。

●痛風にまつわる俗説

　通風を防ぐための食事に関する情報は錯綜しています。プリン体のカフェインを含むコーヒーは、かつては医師も痛風患者に避けるよう指導していましたが、カフェインの利尿作用で尿量を増やし、むしろ尿酸の排出をよくすることがわかったので、いまでは痛風患者にもコーヒーはすすめられています。

　もう1つは酒。プリン体含有量が多いビールはよいとはいえないことは知られていますが、プリン体をまったく含まないウイスキーや焼酎などの蒸留酒はどうでしょう。エタノールにも利尿作用がありますが、エタノールが代謝されるときには肝臓が働き、その際に肝細胞の一部が死ぬので、プリン体を代謝する必要が生じるのです。しかもそれは、エタノールの利尿作用で体内の水分が減ったころですから、ビールにかぎらず、飲酒は控える必要があるのです。

　プリン体を含む食品を避けても、体内では痛風の原因となる尿酸の生成は避けられません。プリン体は体内に常にあり、それが代謝されれば、尿酸がかならずつくられるのです。痛風を避けるには、尿酸の排出をうながすよう、水分をきちんととるなどの気づかいも重要なことです。

図　**プリン体の例**

アデニン、グアニン、ヒポキサンチン（アデニンの代謝物）、カフェイン、尿酸

バイアグラはどうして効くの？

執筆：浅賀宏昭

　勃起不全（ED）に効く医療用医薬品として有名なバイアグラ（一般名：シルデナフィル）。狭心症治療薬の候補として臨床試験（治験）をしていたら、EDに効くことが偶然にわかり、製品化されたというエピソードはよく知られています。

　この薬の作用を理解するためには、勃起現象について知っておく必要があります。視覚を通して性的刺激を受けたときを考えてみましょう。その刺激が引き金となり、大脳で性的な興奮が発生します。すると副交感神経の活動が高まり、続いて第三の自律神経とも呼ばれるNANC神経の活動も高まります。その結果、NANC神経において、アミノ酸の一種・アルギニンを原料に合成された一酸化窒素NOがわずかに放出され、これが陰茎内の海綿体平滑筋に入ります。NOは、平滑筋細胞内でグアニル酸シクラーゼという酵素を活性化させます。

　この酵素は、細胞内で情報を伝達するサイクリックGMP（cGMP）という物質をつくり、これは海綿体平滑筋を弛緩させ、動脈を広げます。その結果、陰茎内の動脈に血液がたまり、陰茎は膨らみます。しかもこの状態は、陰茎から血液がでていく静脈を圧迫するので、しばらく持続します。ただしcGMPはPDE5という平滑筋内にある酵素によって徐々に分解されるので、やがてもとに戻ります。

●cGMPを減らさない薬

　EDでは、前述のプロセスのどこかが阻害されています。そのためNOの放出量やcGMPが少ないことになり、これらの場合はNO

かcGMPを増やせば改善されます。バイアグラは、cGMPを分解する酵素のPDE5の働きを阻害するので、cGMPが増え、海綿体平滑筋の弛緩と動脈の拡張を促進するため、ED治療薬として有効なのです。

以上のように、バイアグラは性欲を高めて効くのではないので、いわゆる「媚薬」とは異なっています。

バイアグラで亡くなった人もいます。多くのケースでは狭心症の薬や血圧降下薬と同時に服用したようです。狭心症の薬として有名なニトログリセリンは、分子構造内にNOと似た構造をもっており、NOと同じ働きをします。血圧降下薬は、全身にある平滑筋のcGMP分解酵素（PDE1～PDE6の6種類）を阻害します。すなわち、どちらも血管を広げるのです。バイアグラは、陰茎に特に多いPDE5にだけ作用する、まさに局所的に作用する血管拡張薬ですが、服用すれば血圧は下がります。したがって、これらを同時に服用すると血圧が下がりすぎ、リスクが高まるので、注意が必要なのです。

図 **サイクリックGMPとバイアグラのしくみ**

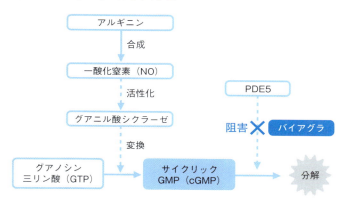

多幸感を引きだす脳内麻薬

執筆：和田重雄

　火事場の馬鹿力という言葉がありますね。人間は、通常発揮している能力以上の力をだせてしまうことがあります。ジョギングをしているうちに、苦しさやつらさを感じなくなり、かえって気持ちよくなって自分の予想よりたくさんの距離が走れるようなことがありませんか。これもその一例で、ランニングハイ、あるいはランナーズハイといわれています。このとき脳の中で、ある変化が起こっているのです。

●ランナーズハイが起こる理由

　そのしくみがわかったきっかけは、モルヒネの受容体の発見でした。

　薬をはじめとする物質は細胞の表面の受容体という部分に結びついて、私たちの体にいろいろな働きをもたらします。1973年に、麻薬の代表であるモルヒネが結びつく受容体が脳の中に見つかりました。モルヒネはもともと体内に存在しません。となると、モルヒネと似た物質が脳の中にあるのではなかろうか？　と探索がはじまりました。

　そして見つかったのが、エンケファリンという物質です。エンケファリンは、鎮痛効果と、陶酔感、多幸感（快感）などをもたらす麻薬と同じ効果があり、脳内麻薬と呼ばれているものです。その後研究が進み、同じような作用をもった約20種類の脳内麻薬が見つかっています。

　その中でβ-エンドルフィンはもっとも効果が大きく、モルヒネの5倍以上の鎮痛効果を示します。この物質は、おいしいものを

食べたときや、性行為をしたときなど、人の本能が満たされたような際に分泌されることが知られています。

●脳内麻薬と仕事や暮らし

「脳の中に麻薬」といわれると、悪いイメージをもってしまうかもしれませんが、この脳内麻薬のおかげで、私たちはさまざまな困難をのり越えることができるのです。

　たとえば強力な鎮痛効果。極端な例ではありますが、サッカーの試合の途中で骨折をしていたのですがほとんど痛みを感じずに競技を続けていて、試合終了後に激痛を感じたということがありました。これは、ランナーズハイと似たものです。いま行わなければならない、あるいは行いたいという集中力が高まってくると、脳内でβ-エンドルフィンなどの脳内麻薬が分泌されて、痛みを感じにくくなるのです。

●好きなことをして自分を守る？

　また、自分が好きなことをやっているときも脳から脳内麻薬がどんどん分泌されます。そのときには、気持ちいい、楽しいといった多幸感をもたらしたり、免疫力が強化されるなど、自然治癒力を高めたりもします。

　社会生活を送っている私たち人間には、種々のストレス（精神的な痛み）や、ケガなどの肉体的な痛みから自分の体を守り、生きていこうという意欲やその精神力を育む能力がもともと備わっています。

　それを積極的にサポートしている物質が、もともと脳内に存在している脳内麻薬といわれるものなのです。

オゾンを使って水を浄化する処理とは？

執筆：左巻健男

　水道水のもとの水（原水）は、河川、ダム、湖水、伏流水、井戸水などから取水します。その水は家庭へ届けられる前に浄水場に送り、浄化・殺菌しなければなりません。浄水場での処理は沈殿、濾過、殺菌という順番で行われます。

　多くの浄水場で原水を浄化する方法には「急速濾過法」と「高度処理法」の2つがあります。急速濾過法は沈殿などでは取りきれない汚れを、塩素の力で分解・除去するもの。これに対し高度処理法は、急速濾過法よりレベルが高い処理をするものです。多いのは、オゾンや活性炭を使って汚れを分解・除去する方法です。高度処理の場合、カビ臭が分解されやすく、また塩素臭（いわゆるカルキ臭）もつくられにくいので、臭いがかなり除去されます。

　かつて「水道水がまずい」と騒がれた時代がありました。水道水の処理が急速濾過法から高度処理法へ切りかわりはじめたのはそのころからです。特に、原水となる河川の水が汚いため、急速濾過法で浄水しているときは強い塩素臭やカビ臭の苦情が多かったところで、高度処理法に切りかわりました。東京や大阪の水道水は高度処理に切りかわることで劇的においしくなりました。

● **高度処理法のメリットとは**

　高度処理法のメリットは水がおいしくなるだけではありません。従来の浄水方法だと、発がん性物質であるトリハロメタンという物質が水道水から検出されて問題になることがあります。トリハロメタンは原水に含まれていたものではなく、塩素処理する急速濾過のプロセスで、塩素と汚れの一部が結びついてできたもので

す。汚れの分解に塩素を利用しない高度処理法では、トリハロメタンは発生しません。

● **水質、おいしさ、コスト**

念のためにつけ加えると、高度処理法でも最後の殺菌には塩素を使っています。水道法の規定により、水道水には塩素が残っていないといけないからです。

同じ水道水といっても、原水の水質やそのあとの処理法によっておいしさが異なってきます。一般的には汚れた原水を急速濾過したものはまずく、汚い原水であっても高度処理ならおいしいといえます。また原水がきれいなら、急速濾過でも問題はありません。高度処理法はコストがかかり、これを行っているのは原水の質が悪い場合がほとんどです。

図　高度処理のしくみ

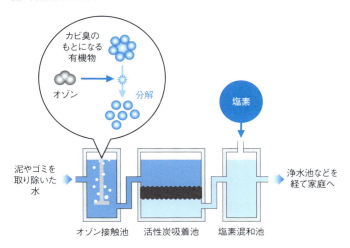

浄水器は活性炭と中空糸膜の組み合わせ

執筆：左巻健男

　家庭などで使われる浄水器の基本構造は、各社ともほとんど変わりません。活性炭と中空糸膜フィルターを組み合わせたものが主流です。

　水道水を浄水器内の活性炭と中空糸膜フィルターとで、濾過したり吸着したりして、残留塩素、赤サビ、臭い物質などを取り除きます。水道の蛇口に取りつけるタイプと、水を濾過材のつまったタンクに取り入れる据え置きタイプとがあります。

●主役は活性炭

　いずれにせよ、浄水における主役は、活性炭です。もともと炭は、単位面積あたりの表面積がきわめて大きいので、いろいろな物質を吸着する性質をもっています。特に、炭をつくるときに特別の処理（活性化）をして、吸着する性質を強化したものを活性炭といいます。原料には、木炭やヤシがらなどが使われます。

　活性炭は、非常にたくさんのごく小さな穴が空いているので、1gあたり800〜1200m^2もの非常に大きな表面積があり、大変吸着性にすぐれています。古くから脱色剤や脱臭剤などに使われてきました。浄水の際には、活性炭に空いている非常にたくさんの穴の中に、色素分子や臭い物質の分子や有害物質の分子が取り込まれて除去されます。

●中空糸も使ってさらに分離

　中空糸膜フィルターの中空糸とは、ポリスルホンなどの耐熱・耐久性にすぐれた合成高分子でつくられているパイプ状の糸で、

糸の中心は空いています。また、中空糸の壁には、無数の微細な穴が空けてあります。この中空糸を数千本も束にして浄水器に使っています。中空糸に空いた穴を水は簡単に通り抜けて、細菌やゴミだけが分離されます。

● 使ううちに働きが弱くなる

　浄水器の水は、基本的に飲み水やお茶をいれる水に使えばいいでしょう。

　ただし、浄水器を通した水だから安心とはいえません。活性炭は使っているうちにだんだん物質を吸着する働きが弱くなってきます。最後には、なにも吸着できなくなってしまいます。下手をすると、もとの水道水より汚れた水になっていることもあるのです。したがって、定期的に活性炭カートリッジを交換する必要があります。

● しばらく使っていないときも要注意

　細菌が中空糸膜フィルターをうまくすり抜けたり、流出口付近で増えたりする場合もあります。何日か浄水器を使わずにいると、細菌はどんどん増えてしまいます。特に夏は注意が必要です。このようなときは、1〜2分間、浄水器の水を流してから使います。

　中には、アルカリイオンやミネラルを増やす効能、「パイウォーター」など特別な水をつくれるなどの効能をうたうものがありますが、「活性炭＋中空糸膜フィルター」以外の付加装置をつけて高額化させていると考えられます。水道水を浄水器に通してもミネラル量は変わりませんから、そのようなメーカーのものは避けたほうがいいでしょう。

朝一番の水道水を避けたい理由は「鉛」

執筆：左巻健男

マンション、つまり集合住宅に住んでいる人は、水道水にカナッ気が含まれることに、しばしば悩まされるようです。これは、マンションに備えつけられた貯水槽や、貯水槽から各家庭の蛇口まで続く水道管の不良などが原因です。

また、旅行などで家を長期間不在にしてから帰ってきて、なにげなくわが家の蛇口をひねると、色のついた赤い水がでたという経験はないでしょうか。

この赤い水を、水の業界では「赤水」と呼んでいます。赤い水の原因は、水道管内部に鉄サビが生じていることです。

給水管や管の接合部、給湯器に使われている鋼製の材料が水中でも徐々にサビて、そのサビがはがれたり、水に溶けたりして、水に色がつきます。

水をしばらく流し続けると、ほとんどの場合おさまります。無色透明の水になってから使うようにしましょう。

●古い水道管だと鉛が使われている可能性も

鉄が溶けだして赤水になっても健康には問題はありませんが、味が悪かったり、気分的に嫌な感じがしたりします。

しかし、鉛が溶けだすと健康にも害をおよぼします。微量でも長期間摂取を続けると、鉛中毒になる可能性があります。かつては水道管に鉛が使われた時代がありました。しかし、鉛が水道水に溶けだすことがわかってからは、水道管に鉛を使うことはなくなりました。ただし、1950年以前に建てられた一戸建てでは、いまでも鉛管が使われていることがあります。

●朝一番の水は飲食には避ける

朝一番の水は、夜のあいだ、水道管にたまっていたものです。そのため、水道管の材質が微量ながら溶けだしています。

そこで、おすすめは、蛇口をひねって水を勢いよく流し、約1分間（一般的なバケツでおよそ1杯＝8L）は流しっぱなしの状態にし、そのあとで飲み水や調理用の水にすることです。特に、旅行などで留守をしたときは、やや多めに2分間ぐらい流します。すると、夜のあいだに水道管にたまっていた水は流れでてしまいます。

もちろん、最初に流しっぱなしにした放流水は、バケツに取って、ぞうきんがけ用の雑用水や洗濯用として利用してください。

また、夜のうちに口の広い容器に水をくんでおき、一晩そのままにして塩素臭を抜く方法もあります。これは、くみ置き法と呼ばれますが、水中に細菌（有害ではありませんが）が増える恐れがあります。

図　水道管にたまっていた水はバケツへ

水素水ってどうなの？

執筆：左巻健男

　現在の水素水ブームは、2007年に日本医科大の太田成男教授（細胞生物学）の研究チームが「水素ガスが有害な活性酸素を効率よく除去する」とする論文を「ネイチャー・メディシン」（電子版）に発表したことがきっかけとされています。

　動物の研究とはいえ、水素ガスの効能に注目が集まりました。太田氏は、水素の効能は、活性酸素の中でもっとも酸化力が強くて悪玉のヒドロキシルラジカルだけを選択的に除去できることにあるといいます。

　虚血再灌流（きょけつさいかんりゅう）、神経変性、エネルギー代謝およびメタボリック症候群、炎症、角膜障害、歯周病、非アルコール性肝炎、高血圧、骨粗鬆症（こつそしょうしょう）など多岐にわたる疾患に効果があるとしています。

●どのように広まった？

　水素水は、口コミなどで「メタボに効く」「シミやシワに効果がある」「お酒の前に飲むと二日酔いにならない」などとされていますが、その根拠は非常に弱く、体験談レベルです。ですから、清涼飲料水として販売されています（特定保健用食品〈トクホ〉や機能性表示食品として販売されていません）。

　国立健康・栄養研究所のデータベースでは、2016年6月10日に「水素水」も取り上げられました。その概要が現在のところの水素水と健康についての的確な評価だと思われます。
「俗に、『活性酸素を除去する』『がんを予防する』『ダイエット効果がある』などと言われているが、ヒトでの有効性について信頼できる十分なデータが見当たらない。現時点における水素水のと

トにおける有効性や安全性の検討は、ほとんどが疾病を有する患者を対象に実施された予備的研究であり、それらの研究結果が市販の多様な水素水の製品を摂取した時の有効性を示す根拠になるとはいえない。」

●私たちの大腸内でつくられている水素

　水素は水に溶けにくく、1気圧、20℃のとき、水1kg（1L）に溶ける水素の最大量は0.0016g（1.6mg）、濃度にして1.6ppm（＝0.00016％）という微量です。さらに開封すると抜けやすいので、さらに濃度は小さくなります。

　実は、大腸には水素産生菌がいて、水素を多量に産生しています。おならの1〜2割は水素なのです。大腸内の腸内細菌によって発生するガスは毎日7〜10Lもあります。その成分でもっとも多いのは水素です。一部はおならとして外部にでますが大部分は体内に吸収されて血液循環にのっていきます。その中の水素は水素水から摂取する水素量と比べてはるかに多量です。

　前述した国立健康・栄養研究所のデータベースにおいても、「水素分子（水素ガス）は腸内細菌によって体内でも産生されており、その産生量は食物繊維などの摂取によって高まるとの報告がある。したがって、市販の多様な水素水の製品を摂取した水素分子の効果については、体内で産生されている量も考慮すべきとの考え方がある」との指摘があります。

　もし水素に効果があるとした研究結果がでても、水素水から微量の水素を摂取するより、水素産生が多くなる食べ物を摂取したほうがいいのではないでしょうか。

column

空気清浄機の「○○イオン」とは?

執筆：中山榮子

　中学校の理科では「電子を余計に受け取ったり、別の原子に渡したりして、電気的な性質をもった原子のことをイオンという」と学びます。陽（＋）イオンは原子が電子を失ってプラスの電気性質を帯びたイオン、陰（－）イオンは原子が電子をもらって、マイナスの電気性質を帯びたイオンのことです。陽イオンはカチオン、陰イオンはアニオンとも呼ばれます。

　しかし世の中には、学校では習わない「○○イオン」という言葉があふれています。これらは学術用語ではなく、企業や業界が名づけたものです。科学的な根拠があるように聞こえて消費者受けがいいのでしょうか。

　たとえば「マイナスイオン」は化学的に定義されていない商用の言葉です。2002年ごろに流行し、空気清浄機をはじめ、さまざまな家電のキャッチコピーで目にした記憶もあるかもしれません。その正体は、さすがに陰イオンであることはなく、当時、国民生活センターなどにも相談が多数寄せられました。そして2003年になると景品表示法が改正され、家電のパッケージやパンフレットなどからマイナスイオンの文字がぐっと減ることになったのです。

　いずれにせよ空気清浄機を買うときには、そのようなうたい文句ではなく、フィルターの物理的な性能などをチェックして、製品を選択するべきでしょう。

第 4 章
まだある身近な化学物質

「鉄」はリサイクルの優等生

執筆：池田圭一

　自動販売機で買える清涼飲料水の缶といえば、鉄またはアルミニウムでできています。リサイクル率を比べると、鉄（スチール）缶が約92％ともっとも高いのが特徴です。ペットボトルが約86％、アルミ缶が約87％、ガラスびんが約67％ですから、スチール缶はリサイクルの優等生だといえます。1年間でリサイクルされるスチール缶は約60万t。では、ほかの鉄製品を含めるとどうなるでしょう。

● 缶以外のリサイクルは？

　建物に使われる鉄骨・鉄筋、橋脚などの鉄でできた建造物、自動車、列車、家具、電気製品など日本のあらゆるところで鉄が使われています。その総量（鉄鋼蓄積量）はおよそ13億t。これらのうち時間がたって解体・廃棄されたものが鉄スクラップとなり、毎年3000〜4000万tが回収されています。

　鉄は磁力に反応するため、強力な電磁石を使うとほかの廃材

表　素材別のリサイクル率など

素材	指標と率	
スチール缶	[リサイクル率]92.0％	2014年度
アルミ缶	[リサイクル率]87.4％	2014年度
ガラスびん	[リサイクル率]67.3％	2013年度
ペットボトル	[リサイクル率]85.8％	2013年度
プラスチック容器包装	[再資源化率]44.4％	2013年度
紙製容器包装	[回収率]23.5％	2013年度
紙パック	[回収率]44.6％	2013年度
段ボール	[回収率]99.4％	2013年度

出典：スチール缶リサイクル協会「品目別リサイクル率・回収率・収集率等」より抜粋・構成
http://www.steelcan.jp/recycle/

から分別・抽出しやすく、また、電気炉で溶かすとふたたびもとの鉄（おもに建材の鉄骨など）に生まれ変わるというリサイクル向きの特性があります。そのため、回収された鉄のほぼ全量がリサイクルされているといっても過言ではないのです。現在、鉄鉱石から新たに鉄をつくるのを含めた粗鋼生産の半分ぐらいがリサイクル鉄です。ところが最近では、スクラップの状態で海外（おもにアジア圏）に輸出し、精錬された鉄製品を輸入することが増えました。そのほうが国内での再処理よりも安くつくのです。しかし、海外の鉄需要の変動に左右されるため、あまりよい方法とはいえません。

　鉄のリサイクルで注意したいのは放射性物質の混入です。海外では、医療用の放射性物質や原子力発電所の廃材が入っていたスクラップを溶かしてしまい、それからつくられた鉄骨用鋼材が汚染され、マンション住人が被ばくするという事故もありました。

図　鉄スクラップのリサイクルルート

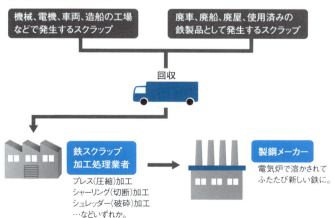

アルミ缶リサイクルの現実は？

執筆：嘉村 均

　2015年度、日本で1年間に消費されたアルミ缶は222億本にのぼっています。使用後のリサイクル率は2015年には90.1％と推定され、国内でリサイクルされずに外国へ輸出されるアルミくずの量も考慮すると、ほぼ上限に達しています。

　アルミニウムは、鉄や銅などと違い、鉱石から金属をつくる過程で電気分解を行います。大量の電力を消費しますが、リサイクルされたスクラップを用いて地金を製造すれば、電気分解のための電力を節約できます。

　一般にアルミニウムを再利用するときに必要となるエネルギー量は、原料のボーキサイトからアルミニウムをつくるときのおよそ3％とされ、省エネルギー効果は大変大きなものになります。2015年度にはおよそ26万tのアルミ缶が再生地金とされましたが、このとき節約されたエネルギーを電力量に換算すると76億kWhとなり、全国の一般家庭で15日間に使う電力量に相当します。

● 厳密には複数の物質でできている缶

　アルミ缶と一口にいいますが、実はアルミニウムを主とする合金からできていて、胴体とフタの部分は組成が違います。フタの部分はマグネシウムの割合が3.8％あり、胴体の部分より多くなっています。この組成の合金は切れやすいため、プルトップを起こしたときに飲み口が開くよう加工できるのが特徴です。

　胴体は、マンガンの含有率がフタよりも多い合金からできていますが、これは薄くしておいて、なにかにぶつかっても、破損しにくいようにするためです。

リサイクル時、溶融されるとマグネシウムは酸化されて除かれますがマンガンは除かれないので、再生された地金は胴体と同じくらいのマンガンを含むことになります。したがって、フタはかならず新しい地金からつくられますので、100％リサイクル材でつくられた飲料用アルミ缶はありません。そのため、缶から缶へのリサイクル率は、年度により62〜75％程度になっています。

● 各国のリサイクル事情

　アルミニウムは軽いし、リサイクルしたときの素材価値も高いので、1回使用の容器としては優秀だといえます。北米では、アルミニウムの用途別使用割合で、包装容器向けの需要が20％を超えています。飲料用缶がほぼ全部アルミニウム製であるためでしょう。

　これに対し、日本では、スチール缶もある程度飲料用に使われています。また、環境意識が高いとされる北欧では、相変わらずリターナブルのガラスびん入りの飲料が主流となっています。省エネルギーへの取り組みにも、お国柄の違いがあるようです。

写真　回収アルミ缶がプレスされた様子

黒くなった「銀」の輝きが復活

執筆：池田圭一

　シルバーの指輪をしたまま温泉につかってしまった、あるいは、引きだしの中に長いことしまっておいた銀食器を使おうと思ったら、黒っぽく汚れていた！　というのはよくあることです。さらには「汚れを落とそうと漂白剤につけたら、真っ黒になった」という経験をおもちの方もいるでしょう。

　銀（シルバー）が黒っぽく汚れるのは、温泉の水や皮脂汚れ、空気中に存在する硫黄成分と反応するからです。金属の中でも銀は変わっていて、酸素よりも硫黄と結合しやすい性質があります。通常の金属ならサビる（酸化する）のですが、銀は硫黄と結びついて硫化銀に変化します。硫化銀は黄～茶色をしています。これがどんどんつくられていって黒っぽくなるのです。

　また、銀は塩素とも反応して塩化銀をつくります。この塩化銀が光に当たると黒くなります。最近は見かけなくなりましたが、これは写真フィルム（塩化銀が使われている）と同じこと。きれいにしようとして、塩素系漂白剤につけてはいけません。

表　銀の硫化反応

● $2Ag + S \rightarrow Ag_2S$	※銀と温泉などの硫黄が反応。
● $H_2S + Ag \rightarrow Ag_2S + H_2$	※空気中の硫化水素と銀が反応。

表　銀の塩化反応

● $2Ag + Cl_2 \rightarrow 2AgCl$	※銀と空気中の塩素ガスが反応。
● $Ag^+(aq) + Cl^-(aq) \rightarrow AgCl$	※銀イオンと塩化物イオンが反応。

●輝きを取り戻す還元反応

では、どうすればきれいになるのでしょう。簡単なのがアルミホイルを使う方法です。銀とアルミニウムを、電気を通しやすい水溶液につけると「電池」になって電気が流れます。ガラスびんや陶磁器など金属製ではない容器にアルミホイルと銀製品を入れ、両方がつかるようにお湯を入れます。そこに、電気を通しやすくするため、スプーン1～2杯の重曹を入れて軽くかき回します。たったこれだけのことで、銀の表面から硫黄や塩素がとれて、硫化銀や塩化銀が銀に戻ります。ハシなどを使って引き上げ、よく水洗いをして乾かし、布で磨けば銀色の輝きが復活するのです。

一方、銀色の輝きもよいのですが、シルバーアクセサリーなどでは、あえて使い込んだような「汚し」をつけたいときもあるでしょう。そんなときは、綿棒などに塩素系漂白剤をつけて、銀の黒くしたいところを軽くなでます。すぐに塩化反応が起こって黒っぽくなるので手を止め、その後、よく水洗いをして乾かし、やわらかい布でこすって仕上げます。

図 **還元反応で黒ずみをとる方法**

お湯（60℃以上）を使うのは、熱によって化学反応を進ませるため。

銀とアルミホイルが直接くっつかないようにする。

やけどにも注意。ハシがあると便利。

水銀温度計を割ってしまったら

執筆：一色健司

金属水銀(液体)をガラス管に封入した温度計は、かつては体温計として広く使用されていました。水銀体温計は、正確で、小型で使いやすく、消毒できるという利点があったからです。一方、ガラス製なので落とすと割れてしまうことと、測定に時間がかかることが欠点でした。このため、家庭で使用する体温計は、いまではほとんど電子体温計に置きかわってしまいました。病院などでも電子体温計が普及しています。

一方、理科実験室や野外調査などでは、ガラス管温度計がまだ広く用いられています。電源がいらず、割らないかぎりはまず壊れないためです。正確な統計はありませんが、ガラス管温度計の約半分は水銀温度計と見られています(残りの半分は「アルコール」温度計です)。

水銀温度計に使用されている水銀量は、通常の実験用水銀温度計で約2g、体温計で0.8〜1.2gです。

● **水銀の危険性**

金属水銀は、液体のまま飲み込んでもほとんど消化・吸収されず、便として排出されるため無害です。また、室温程度の金属水銀から蒸発する蒸気を一度吸入しただけでは、すぐには症状はでません。しかし、水銀蒸気を吸い込み続けると、呼吸器、腎臓、中枢神経系、消化器など広範囲に傷害を与えます。このため、水銀を扱う作業場所では、空気中の水銀濃度を0.025 mg/m^3(許容濃度)以下に保つことが必要とされています。

金属水銀の入った容器を開けたまま室温(20℃)で放置してお

くと、水銀と接している空気中に1 m³あたり13 mgの水銀蒸気を含むまで蒸発が進みます。この濃度は許容濃度に比べてはるかに高いため、水銀の入った容器を開けたままにする、あるいは大量の水銀をこぼしたままにした部屋に滞在し続ける、といったことは非常に危険です。

●水銀温度計を割ってしまったら

　金属水銀は表面張力が大きな液体ですので、割れた温度計からもれだした水銀は、小さな玉になってどこまでも転がっていってしまいます。

　まず、こぼれた水銀をできるだけ集めてください。たぶん、床をはい回って探す必要があるでしょう。実際には、不要な電源ケーブルなどの銅芯線をほぐしてほうきのようにし、水銀玉をなるべく大きな玉に合体させて拾い上げるようにします。銅は水銀に溶けやすいので、銅線の表面が水銀でぬれてくっつきやすくなるからです。

　集めるのに使った銅線の先端、そして集めた水銀は、折れた温度計とともに、密閉できる容器に入れて保管しておき、水銀を含むゴミとして分別して廃棄してください。庭に埋めたりしてはいけません。

　もし、こぼれた水銀が全部は見つからなかった、あるいはその可能性がある場合はどうしたらいいでしょうか。水銀はそのうちに蒸発してしまいますので、部屋の換気を十分に行い、残った水銀も蒸気にして戸外にだしてしまうようにしましょう。水銀蒸気は空気よりも重いので、床付近の空気を戸外に排気し続けることが必要です。

1円玉～500円玉をつくる金属

執筆：左巻健男

　わが国の硬貨には、1円玉、5円玉、10円玉、50円玉、100円玉、500円玉の6種類があります。

●1円玉は100％アルミニウム

　この中で、1種類の金属からできているのは1円玉だけです。1円玉は純粋なアルミニウムからできています。それ以外は、ある金属に、ほかの金属を加えて、溶かし合わせた合金です。

　アルミニウムは軽くてやわらかい金属で、ボーキサイトから得られるアルミナ（酸化アルミニウム）を溶融し、電気分解して製造しています。アルミホイルなどの家庭用品、窓わくなどの建築材料によく用いられています。

　なお、1円玉をつくるのには約3円のコストがかかっているといわれています。

　アルミニウムは、水や酸素をはじめ、さまざまな物質と反応しやすい性質をもっています。空気中では容易に表面が酸化され、酸化アルミニウムのちみつな膜を生じますが、この酸化物の膜が内部を保護するので、それ以上は酸化されにくい状態になります。そのため反応しやすいのに、ボロボロになりにくいのです。

●5円玉以上は全部銅の合金

　硬貨を合金でつくると、丈夫になります。合金の材質により色合いが異なるので、一目で見分けることもできます。

　材質によって電気の伝わりやすさなども変わるので、自動販売機でチェックしやすくもなるのです。材質を複雑なものにすれば、

偽造が面倒になります。

　銅と亜鉛の合金が黄銅で、5円玉に使われています。金管楽器や仏具などに使われる真ちゅうは黄銅の1つです。真ちゅうはサビにくく、色が黄金色で美しいことから、装飾具などとしてもよく見かけます。

　銅にスズが含まれた合金が青銅です。10円玉は青銅貨といわれます。

　銅とニッケルの合金が白銅です。50円玉、100円玉は同じ材質の白銅貨です。

　500円玉はキューバの5ペソ硬貨、スイスの5フラン硬貨と並ぶ、世界的に高額なコインです。500円玉は1982年から1999年までに発行されたものは、白銅貨でした。しかし、あとから発行された韓国の500ウォン硬貨（当時のレートで約50円相当）をもとにした変造硬貨を、自動販売機で500円玉と誤認させる詐欺が問題になり、2000年から現在のニッケル黄銅貨になりました。

表　わが国の硬貨

1円玉（アルミニウム貨） アルミニウム100％	5円玉（黄銅貨） 黄銅…銅60％ ＋亜鉛40％	10円玉（青銅貨） 青銅…銅95％ ＋亜鉛3〜4％＋スズ1〜2％
50円玉（白銅貨） 白銅…銅75％ ＋ニッケル25％	100円玉（白銅貨） 白銅…銅75％ ＋ニッケル25％	500円玉（ニッケル黄銅貨） ニッケル黄銅…銅72％＋ ニッケル8％＋亜鉛20％

都市鉱山を知っていますか?

執筆：一色健司

　私たちが大量に生産して使用している工業製品には多くの稀少な金属が使われています。1980年代に東北大学選鉱製錬研究所の南條道夫教授らは、このような稀少な金属を含んだまま地上に蓄積された工業製品を再生可能な資源と見なし、その蓄積された場所を「都市鉱山」と名づけました。

　都市は、工業製品を大量に使用し、大量に廃棄していることから、都市自体を鉱山と見なしたわけです。廃棄物から稀少な金属を取りだしてリサイクルすることは、かぎられた資源の有効利用や資源の安定供給のためにきわめて重要です。都市鉱山は、稀少金属資源のリサイクルを象徴的に表す言葉であるともいえます。

● 日本の都市鉱山の埋蔵量

　都市鉱山の埋蔵量、つまり、現に使用している量と廃棄物として処理された量の合計量は金属資源の流通量から推定できます。独立行政法人 物質・材料研究機構は2008年、わが国の都市鉱山における稀少金属の埋蔵量の試算を行い、埋蔵量が世界有数の資源国に匹敵する規模になっていることを明らかにしました。

　2013年には、稀少金属を高い比率で含んでいる小型家電製品のリサイクル制度が施行されました。携帯電話やゲーム機、デジタルカメラなどの回収ボックスを目にされた方もいるでしょう。2016年現在、2020年の東京オリンピック・パラリンピックメダルの材料として、廃棄家電に含まれる金や銀を活用しよう、という動きも話題になっています。

●都市鉱山の有効利用には?

このように都市鉱山の利用に取り組む自治体や研究者は増えましたが、国全体で回収量や再資源化量が十分に増えているわけではないといわれています。

小型家電リサイクル制度の施行前から、鉄、銅、アルミニウムなどについては廃棄物が重要な原材料供給源となっており、その後も順調に再資源化が進んでいます。これは、比較的大量に利用されている、純物質に近い状態で利用されている、ほかの物質からの分離が容易などの理由で、再資源化が技術的にもコストの面でも容易なことによります。一方、多くの稀少金属は、現時点では埋蔵量に見合った有効利用はされていません。これは、廃棄物の品質(濃度、共存物質)が一定でないために、分離することが技術的にも難しいためです。

それでも、資源量がかぎられているレアメタルについては、戦略的資源確保の観点からリサイクルが必要とされ、そうでないものについても、リサイクル社会実現の観点から、ある程度のコストをかけてもリサイクルシステムを整備すること、都市鉱山専用の技術の開発が必要であると考えられています。

表 金属の再資源化状況(2014年度)

金属	再資源化重量
鉄	20,124 t
アルミニウム	1,527 t
銅	1,112 t
ステンレス・真ちゅう	99 t
金・銀・パラジウム	1.7 t
その他	4,879 t

出典:環境省「小型家電リサイクル制度の施行状況」より抜粋・構成
http://www.env.go.jp/council/03recycle/y038-13.html

ペットボトルのリサイクルは意外に…

執筆：池田圭一

　リサイクル率の高い飲料用容器といえば、スチール缶やアルミ缶に次いで高いのがペットボトルです。容器リサイクル法で定められた回収対象のペットボトルの94％が回収されています。回収されたペットボトルは、その後どうなるのでしょうか？　その前にペットボトルの正体を探りましょう。

　ペットボトルの「ペット」とは「PET」、つまりポリエチレンテレフタラート (Poly-Ethylene Terephthalate) という、舌をかみそうな名前のプラスチックのことです。海外ではプラスチックボトルと呼ばれます。PETを、もう少しなじみのある言葉で言いかえれば「ポリエステル」の一種と呼んでもよいでしょう。一定の構造をもった分子が鎖のように長く連なっていて、常温では無色透明で硬く、80℃以上でやわらかくなります。

図　ポリエチレンテレフタラートの構造式

図　リサイクルマーク

容器包装リサイクル法によって回収対象となっているペットボトルには、リサイクルマークがつけられる。

第4章 まだある身近な化学物質

●ペットボトルの再利用とは?

　では、回収されたペットボトルは…?　ボトルを洗浄・殺菌してふたたびボトルとして使うリユースは、PET樹脂の「熱に弱い」「傷がつきやすい」「薬品にもそれほど強くない」という性質から、あまり行われていません。さまざまな化学処理によってペットボトルを原料の段階にまで分解して、ふたたびPET樹脂をペットボトルにするケミカルリサイクルが1％程度、ペットボトルを細かく砕いて卵パックのケースやポリエステル繊維として衣服・かばんなどに使うマテリアルリサイクルが20％程度とされています。

　残りは、燃料として使う(燃やす)サーマルリサイクルと、なにかしらのリサイクル原料として輸出する分です。ペットボトルはリサイクルに適した素材のように考えられがちですが、国内においてはスチール缶やアルミ缶のようにはいかないのが現状です。

図　ペットボトルのマテリアルリサイクル

ペットボトルを処理して、細かく裁断したもの(またはさらに粒状にしたもの)

シート
卵パック
クリアファイル

繊維
スーツ
カーテン

成形品
排水溝ふた
回収ボックス

便利だがかさばる発泡スチロールの行方

執筆：左巻健男

　発泡スチロールは、ポリスチレンを型に入れて約50倍にふくらませたものです。つまりほとんどが気体でできています。発泡スチロールは軽くて丈夫なので、家電製品の包装材などに幅広く活用されています。私たちがよく見かけるのは、魚箱などの容器、家電製品を梱包するときの衝撃吸収材、スーパーマーケットのトレーなどです。水産、農産、マリンレジャー、土木、住宅とさまざまな分野で活躍しています。

　ところが、ひとたび使い終わると、そのまま捨てれば半永久的に残り、かさばるので、廃棄物としてはやっかいなものです。運ぶにも空気を運んでいるようなものなので、輸送コストがかかる不燃物、という扱いになりがちです。発泡スチロールのリサイクルは、廃棄物がでるその場で処理を行うか、積み荷を降ろした帰りのトラックを使って処理施設に運ぶなどの方法をとっています。

　廃棄物がでるその場での処理は、体積を減らすこと（減容）です。「熱して圧縮する」、「溶剤に溶かす」方法があります。

● 発泡スチロールの3つのリサイクル

　発泡スチロールの出荷量は14万tで、回収対象量は12万7400tです（2015年）。つまり、90.2％が回収されていることになります。

　発泡スチロールのリサイクルには、現在3つの方法があります。

　① マテリアルリサイクル

　　プラスチックの原料として再資源化し、プラスチック製品などに再利用します。

　② ケミカルリサイクル（広い意味のマテリアルリサイクル）

熱や圧力を加え、ガスや油として再資源化し、燃料などに再利用します。

③サーマルリサイクル

燃焼させることで、高い熱エネルギーを発生させ、発電などに再利用します。

①では、「熱して圧縮する」「溶剤に溶かす」ことで体積を50分の1から100分の1まで減らします。のし餅のような形の「インゴット」というポリスチレンのかたまりにしたり、加工しやすいように細かいペレット状にしたりしてから、文具や合成木材などの製品にする、再生発泡スチロールにする、といったように活用します。

これらのリサイクルでは、回収された90.2％のうち、①と②が56.2％、③が34.0％を占めています。

●ポリスチレンはオレンジ皮の汁に溶ける

食卓に、ポリスチレンでできた容器を置くことがあります。そこにオレンジの皮の汁が飛ぶと容器が溶けますから、注意が必要です。オレンジ、ミカン、夏ミカン、ポンカンといった柑橘類の皮の汁には、リモネンという油の仲間が含まれています。リモネンは、発泡スチロールをよく溶かすのです。

図　発泡スチロールの特徴

空気が多い
・断熱性が高い。
・衝撃吸収力がある。
・軽い。
・かさばる。

ポリスチレンでできている
・成形しやすい。
・リモネンなどに溶ける。

アルカリマンガン乾電池の液もれに注意

執筆：嘉村 均

　使い切りタイプの乾電池には、大きく分けて、マンガン乾電池とアルカリマンガン乾電池（以下、マンガン電池とアルカリ電池）があります。各メーカーとも、一般に、アルカリ電池類を金色系統の色の外装にすることで、マンガン電池と見分けられるようにしています。

●マンガン電池とアルカリ電池の違い

　アルカリ電池の特徴は、マンガン電池に比べて大きな電流で連続して使えることです。携帯電話の電池式充電器や、ミニ四駆カー、強力懐中電灯などに適しています。

　アルカリ電池は、内部のつくりがマンガン電池と違っています。中央の集電体が負極になり、その周囲に、負極合剤として亜鉛粉末を水酸化カリウム水溶液で練り合わせて、どろどろにしたものがつめられています。負極合剤は強アルカリ性ですから、もし、もれだして皮膚についたら、皮膚が侵されて負傷する恐れがあり、眼に入れば視力障害を起こす恐れがあって危険です。そのため、通常の使い方をしているかぎり、もれでることのないように、しっかりと封印されています。

●液もれが起きやすい状況とは

　それでも、液もれしたり破裂したりという事故が、ないわけではありません。

　たとえば、電池を何本か使用している機器が止まったとき、電池を半分だけ新しいものに交換して使用したため、古い電池が

容量以上に放電したという場合。あるいは、電池を何本か入れて使う際に、誤って1本を逆に入れたため、その電池に無理な逆電流が流れたという場合。

このような使い方をすると、電池の内部に水素が発生し、内部の圧力が上がって、負極合剤の液がもれでてしまうことがあります。このため、液もれはマンガン電池よりもアルカリ電池のほうが起きやすいのが現状です。何年ものあいだ、機器に入れっぱなしにするような長期間の使用は、避けたほうが安全といえます。液もれした場合は、電池をポリ袋に入れて口をしばり、地域で決められた方法にしたがって廃棄してください。もれた液はふき取り、手などで触れないように注意しましょう。

なお近年は、従来品より液もれしにくい構造の製品が、富士通「私はリモコン用乾電池です！」やマクセル「ボルテージ」、パナソニック「乾電池エボルタ」という商品名で販売されています。

図　電池の基本構造

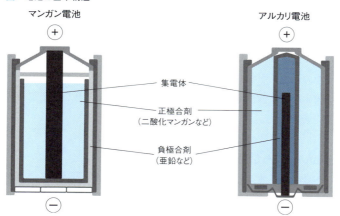

身近になったリチウムイオン電池の正体は？

執筆：嘉村 均

　携帯機器用の充電式電池としては、ニッケル・カドミウム蓄電池（ニカド電池）が使われてきました。現在では、それにとってかわり、ニッケル・水素蓄電池（ニッケル水素電池）やリチウムイオン電池が普及してきています。特にリチウムイオン電池は、携帯電話やデジタルカメラのバッテリーとしておなじみだという方も多いでしょう。

●リチウムイオン電池の正体は？

　リチウムイオン電池には、正極にコバルト酸リチウムが、負極に黒鉛（グラファイト）が使われています。

　充電時には、正極から陽イオンであるリチウムイオンが電解液の中にでてきて、正極部分と負極部分を隔てているセパレーターを通り抜けて負極へきます。負極に使われている黒鉛は、原子レベルで見ると、炭素原子がたくさん蜂の巣のような平面状につながってできた板が積み重なった構造をしています。その板のすきまにリチウムイオンが入り込むのです。放電時には、逆に、リチウムイオンが負極から正極へ移動します。このように、リチウムイオンが電池内部を振り子のように移動することで、充電と放電を繰り返し、使用されます。

●どんなところが便利？ 弱点もある？

　リチウムイオン電池は、ほかの電池より小さく軽くすることができます。ニッケル水素電池とエネルギー容量を比較すると、質量あたりでも体積あたりでも、リチウムイオン電池のほうが上回

るからです。また、放電を途中でやめて継ぎ足し充電を行うと、次に放電するときの容量が小さくなってしまう、いわゆるメモリー効果も、リチウムイオン電池では見られません。

電圧は公称3.6～3.7Ｖで、ニッケル水素電池の約3倍です。ですから、ニッケル水素電池のように、単三電池のかわりにするような使い方はできません。値段が高いため、コストをかけても小型高性能化を行いたい、携帯用情報機器を中心とした用途向けになっています。また、過度に充電すると、発熱したり内部で異常な反応が起こったりして破裂し、電解液に用いられている有機溶媒が飛びだす恐れがあります。そのため、内部に何重もの安全機構を設けています。異常に温度が上がったときには電池として働くのを停止するように工夫されていますし、保護回路もつけられています。このような機構をもつリチウムイオン電池パックは、それぞれ用いられる機器に合わせて電池メーカーがサイズや容量を決めて設計・製造し、相手先ブランドで供給する形になっています。

図　リチウムイオン電池の原理

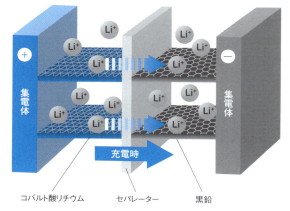

「LED」は省エネ照明の最終兵器か?

執筆:池田圭一

　省エネ効果が高いことから新世代の照明として注目されるLED(発光ダイオード、Light Emitting Diode)。これはどういうものなのでしょうか。

　その実体は、電気を流すと発光する半導体です。電子のエネルギーを直接光に変えられるので効率がよく、物質を消費しないので、素子そのものは半永久的に使えます。使われる半導体は、ガリウム、窒素、インジウム、アルミニウム、リンなど2～4種の化合物からできており、その素材によって光の色が異なるのです。でてくる光は赤なら赤、緑なら緑の単色で、熱線である赤外線や有害な紫外線はほとんど含まれていません。

● **青色LEDからの活躍**

　照明に使われはじめたのは、青色に光るLEDが日本で発明された1993年以降です。それまでは赤や黄緑に光るLEDだけで、

図　**LED発光の原理**

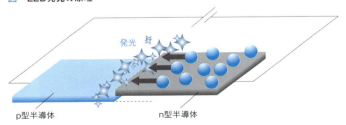

p型半導体　　　　　　n型半導体

LEDはp型とn型の2種類の半導体を組み合わせたもの。電子のエネルギー準位が異なるため、半導体間を通るときに余計なエネルギーが光となってでてくる。

青がつくられてはじめて光の三原色（赤・青・緑）がそろい、LEDが白く光るようになったのです。

とはいえ、一般的な電球型LEDなど照明に使われる現在の白色LEDは、青色LEDを黄色く光る蛍光体でおおったものが主流です。青色の光と黄色の光が混ざってヒトの眼に白く見えるのです（実際にはやや青白く見えます）。この蛍光体の発色を調整することで、白熱電球のようにわずかにオレンジ色に光る電球型LEDもつくられています。このタイプのLEDは蛍光体に寿命（明るさが半分になるまで）があるため、4万時間程度（1日10時間の使用で10年）で交換する必要があります。また、照らす方向がかぎられることと、赤い色が含まれていないので演色性に乏しいことが、照明としての弱点となっています。

省エネ照明とされるLEDですが、電力を光に変換する効率はまだ蛍光灯に追いつけません。しかし、蛍光灯は水銀が使われていることから敬遠され、家庭用の照明器具としてつくられなくなってきました。LED照明への置きかえが急速に進んでいます。

図 **白色LEDの基本構造**

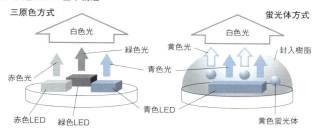

蛍光体方式では、青色LEDのまわりを黄色の蛍光体でおおっている。封止樹脂や蛍光体が熱に弱いため、使っているとゆっくりではあるが劣化する。

トルマリンはマイナスイオンを発生?

執筆：左巻健男

　トルマリンとは、鉱物の仲間です。ケイ酸塩鉱物の一種で、$NaFe_3Al_6(BO_3)_3Si_6O_{18}(O,OH,F)_4$ や $CaMg_3(Al_5Mg)(BO_3)_3Si_6O_{18}(OH,F)_4$ などで表され、成分も色も多岐にわたります。美しいものは宝石になり、10月の誕生石になっています。

　トルマリンは、圧電効果（圧力をかけられると電圧が発生する性質）と焦電効果（熱すると電気を帯びる性質）をもっているので、日本では電気石とも呼ばれます。

　焦電効果のため、気温が上がると、トルマリンに＋と－の静電気が生じて、ホコリがくっつくようになります。

　このような電気的性質をもっていることからイメージをふくらませて、「トルマリンはマイナスイオンを発生するパワーストーンである」という宣伝がなされました。

●マイナスイオンとパワーストーン

　中学校や高校の理科で「イオン」という言葉がでてきます。

　たとえば、食塩の主成分の塩化ナトリウムは、陽イオンのナトリウムイオンと陰イオンの塩化物イオンからできています。食塩を水に溶かすと、水の中にナトリウムイオンと塩化物イオンがばらばらになって存在しています。

　マイナスイオンは、塩化物イオンのような陰イオン（英語でいうとネガティブイオンまたはアニオン）とは違います。科学の用語にマイナスイオンはないのです。なんとか科学の用語で近いものがあるとすれば、大気イオンというものです。

　ところが、そのマイナスイオンが、吸えば健康によく、アトピ

ーにも高血圧にも効くという雰囲気が、あるテレビ番組を通してつくられました。トルマリンは、そのマイナスイオンを発生させる性質があるという俗説も広まり、ブレスレット、枕、繊維に含ませた布団などが販売されました。水に入れると水が改質されるともいわれました。なにか特別な力があるというパワーストーンにもされ、お守り的な商品も販売されています。

　ある水処理の機械にはトルマリンが入れてあり、そこを通した水は特別な水になり、ラジエーターに入れると燃費がよくなる、洗浄力抜群で洗剤なしで洗車できる、重油を分解する力がある、飲むと健康促進に役立つ、などとうたわれています。トルマリン水製造装置として、イオン交換樹脂と組み合わせた、200万円以上のものが売られているというから驚きです。

　しかし、トルマリンからなにか健康によい効果、精神的、肉体的にリラックス、リフレッシュさせる効果をもたらすものがでている事実はありません。また、トルマリンを通すと水が健康によい水や洗浄力抜群の水に変化する事実もありません。

写真　さまざまなトルマリン

トルマリンにはさまざまなものがあり、美しいものも多いのでインテリアのアクセントやアクセサリーとして役立っている。ただ、健康促進効果や水を浄化させる効果を裏づける事実はない。

チタンやゲルマニウムで健康効果?

執筆:左巻健男

プロのスポーツ選手などが、チタンやゲルマニウムが含まれているというブレスレットやネックレスを身につけているのを見ることがあります。テープ状にしたものもあります。そのような製品を販売している会社の広告にも、たくさんのスポーツ選手が登場しました。近年では、美顔ローラーなどに使われた例もあります。

● **チタンとは?**

チタンは銀白色の金属で、密度(単位体積あたりの質量)は鉄とアルミニウムの中間で、鉄の60%程度です。同じ質量で機械的な強度を比べると、鉄の約2倍でアルミニウムの約6倍ですから、軽くて強い金属です。また、「サビない」という特徴をもっています。そこで、生活の中では、ゴルフクラブ、メガネ、時計などに用いられています。

図 **チタンが使われることのある例**

さらに、肌にやさしく金属アレルギーを起こしにくい材料です。そのため、肌に直接つける用品や、医療用として人工関節、歯茎のインプラントなどに利用されています。

● ゲルマニウムとその使われ方

ゲルマニウムは、銀白色の金属光沢をもっていますがもろい固体で、金属ではありません。半導体の材料としてよく知られています。

国民生活センターは2009年、健康によいとして販売されているゲルマニウムブレスレット12銘柄を対象に調査を実施しました。ベルト部分にゲルマニウムが存在するものはなく、7銘柄は黒色あるいは金属の粒部分に微量あっただけでした。まったく含まれていないものもありました。

いちばんの問題は、うたわれている健康効果に科学的な根拠がなかったということです。それらが健康によいという説明は、「マイナスイオンが放出されて、マイナスイオン効果で疲れがとれる」「つけたところの生体電流の流れをよくして疲労回復」など、およそ科学的ではないものです。まったく医学的根拠がありません。

● スポーツ選手が身につけるわけ

プロのスポーツ選手は、なんでも「験担ぎ」したくなる不安を抱えていることでしょう。なにかを身につけることで、意識を集中させたり分散させたりして、心理的に少しプラスになるかもしれません。しかしそれは、チタンやゲルマニウムから健康によいなにかが発生しているからではありません。選手個人の心理的な面の話です。

ラジウム温泉の放射能は体にいいの?

執筆：山本文彦

　日本は世界屈指の温泉大国で、「放射能泉」と呼ばれる温泉もあります。三朝温泉、有馬温泉、増富温泉などは歴史も古い放射能泉で、休日ともなればいつも大勢の人でにぎわっています。放射能泉の定義は「温泉水1 kg中にラドンを111 Bq以上含むもの」とされます。Bq、つまりベクレルは、放射線をだしながら壊れる原子の数が、1秒間でどのくらいあるかを表す単位です。

　ラジウムは天然に存在する放射性核種で、ラドンはラジウムから常に生まれているガス状の放射性核種です。地下深くにあるラジウムやラドンが地下水に溶けて温泉として湧きでてきたものが放射能泉です。

●ラジウム温泉の放射能

　これらの温泉による放射線被ばくの影響はないのでしょうか？ある資料によれば、放射能レベルがもっとも高い温泉の平均放射能が1700 Bq/Lで、1時間の入浴を1日3回ずつ1週間行うと、体外被ばくと体内被ばくの合計が0.027 mSv（ミリシーベルト、人体への影響を考慮した放射線被ばく量の単位）になると算出されています。

　私たちは地球上のどこにいても、自然放射線によって年間平均2.4 mSvの被ばくがありますが、これはその約4日分に相当することになります。

　ラジウム温泉の放射能はだいじょうぶなのか？　という疑問は、ほかの人よりも4日分余計に被ばくすることによるリスクと、温泉につかってリラックスできる効果のベネフィットのどちらを選ぶべ

きか？ という疑問でもあります。ラジウム温泉を楽しんでいる人は、リスクよりベネフィットのほうが大きいと判断しているといえるかもしれません。

● 気になる低線量被ばくと、放射線防護の考え方

「少量の放射線刺激は生体の免疫機能を活性化し健康によい」とする学説(放射線ホルミシス)を提唱する学者がいます。疫学的、科学的な検証研究も行われていますが、低線量被ばくの効果を証明するにはいたっていません。

逆に、わずかな放射線が細胞に当たって傷つくと、周辺の正常細胞にも悪い影響が広がっていくという作用(バイスタンダー効果)に注目する学説もあります。日本を含め各国における放射線被ばくを防ぐための基本的な考え方は、国際放射線防護委員会(ICRP)の勧告が尊重されており、少量の放射線であっても危険かもしれないとの前提で放射線防護を考えるのが、現在の世界的コンセンサスです。

いずれにせよわかっていないことが多い現段階では、少量の放射線でも危険かもしれないという前提で、リスクとベネフィットの天秤を考えるべきなのです。

図 **リスクとベネフィット**

ケミカルピーリングとは？

執筆：中山榮子

　ピーリングとは、もともと「皮をむく」とか「はがす」といった意味の英語「peel」が原形です。

　ケミカルピーリングとは、グリコール酸やサリチル酸などを用いて皮膚表面の角質細胞間の接着をゆるやかにし、角質層に蓄積されたごく薄い角質を除去する美容法です。それによって新陳代謝が促進され、くすみがとれたり、毛穴の角栓が掃除されたり、きめ細かなハリのある皮膚を取り戻せたり、といった効果を期待して施術を受ける方もいます。ケミカルピーリングは、効果的に皮膚を活性化させるともいわれています。

　ケミカルピーリングを受けると、赤みやほてり感が2〜3時間、長い方で1日続き、その場合は低刺激性の化粧水などで水分補給を十分に行う必要があると説明しているウェブサイトもあります。

● **フルーツ酸とは**

　ケミカルピーリングに使われている酸は「フルーツ酸」と呼ばれることもあり、果物やサトウキビなど天然の植物由来の有機酸でできているようです。具体的には、前述のグリコール酸やサリチル酸、クエン酸、リンゴ酸、酒石酸、乳酸などのいずれか、あるいはこれら複数の酸を配合したものです。中でもよく使われているのがグリコール酸（ヒドロキシ酢酸）$C_2H_4O_3$です。要はこういった酸で皮膚を腐食させて、はがしているのです。

● **グリコール酸で被害？**

　エステサロンだけでなく、自宅で手軽にできるケミカルピーリン

グ剤も販売されています。しかし、残念ながら「皮膚障害」や「やけど」といった被害が発生しています。薬液が眼に入り角膜に影響をおよぼしたという報告もあります。そこまでひどくなくても、赤くなったり痛くなったりかさぶたになったりといった症例もあるようです。欧米人よりも日本人のほうが肌が敏感だという医師もいます。

2000年11月に厚生労働省が「ケミカルピーリングは医師のみが行える『医療行為』である」と日本医師会や都道府県へ通知しました。ケミカルピーリングに使用する酸の種類・濃度・pH値などは、接触時間や月経周期によって皮膚への浸透度が異なります。たとえばpHが低ければ酸として強く、皮膚への浸透率が高くなり、肌への負担が大きくなります。

ケミカルピーリングは「きゅうりのパック」などとはまったく異なります。安全なピーリングを行うには、1人ひとりの肌をしっかり見きわめた上で、その人に合った治療方法を選ぶことが大切です。ピーリングを受けたいのなら、病院で、専門知識をもつ医師の診察を受けながら、安全かつ効果の高い「メディカルピーリング」を検討することをおすすめします。ただし、美容目的の場合、保険の適用はありません。

図　**グリコール酸の構造式**

図　**サリチル酸の構造式**

クリーニングにだした衣類でやけど?

執筆:中山榮子

　化学やけど(化学熱傷)とは、酸、アルカリ、金属塩、有機溶剤などが皮膚に触れたために起こるやけどのことで、接触性皮膚炎の一種です。こういった化学物質が皮膚についたり触れたりしたときに、皮膚のタンパク質と結合し、徐々に進んで深いやけどとなります。

　熱いものに触れたときなどに起こるやけど、つまり熱が作用して体の組織に障害を与える熱傷とは異なります。

●化学やけどの原因として

　化学やけどが、化学薬品を扱う職場、そして漂白剤や洗剤などの皮膚への刺激が強いアイテムを使う家庭で起こりうることは、想像にかたくないでしょう。これらに直接触れないようにするのはもちろんですが、ほかに見落としがちなものもあります。その1つが、ドライクリーニングです。新品で染料などが残った衣類ならともかく、洗ってもらったのになぜ? とお思いになるかもしれません。

　ドライクリーニングの「ドライ」とは水を使わないという意味で、水のかわりに有機溶剤を使う洗濯を指します。衣類の色落ちや型崩れを起こしにくく、皮脂などの油系の汚れを落としやすくなります。ただし、汗など水系の汚れは落とせません。

●よく使われる石油系溶剤

　ドライクリーニングに用いられている溶剤には、塩素系、石油系、フッ素系、シリコン系などがあります。

衣類の取り扱い表示には「F」ないし「ドライ セキユ系」の指定がよく見られますが、いずれも石油系溶剤を意味し、クリーニングソルベントとも呼ばれます。n-パラフィン、iso-パラフィン、ナフテン、芳香族などからできています。パラフィンとは炭化水素化合物の一種で、炭素原子の数が20以上のアルカン（C_nH_{2n+2}）の総称です。「iso」とつくと分子の中に分岐を含みます。ナフテンは環状構造をもつ飽和炭化水素（C_nH_{2n}）の総称です。これがクリーニング後の衣類に残留し、皮膚について化学やけどを起こしたという報告が国民生活センターなどに寄せられたのです。

●国民生活センターによると

皮膚トラブルについては、ズボンの被害が目立ちます。皮膚に密着して着用することが多く、また溶剤がこもりやすいからでしょう。国民生活センターは「化学やけど、皮膚障害などの危害情報は年々減少している」としつつも、「石油臭があるときは着用しない」ようにと強調しています（2006年）。

クリーニングから戻ってきた衣類は袋から取りだし、溶剤の臭い（悪臭、刺激臭）を感じたらクリーニング店に伝えましょう。臭いがなくても、風通しのいいところでしっかり陰干しを。袋をカバーがわりにして外さずにそのまましまい込む、という方もいますが、溶剤がこもる、シワや変色の原因になるといった可能性があります。

着用時に「チクチク」「ピリピリ」といった皮膚の違和感を抱いたら早く脱ぎ、ぬるめのお湯で十分洗い流しましょう。赤いはれや水ほうができたら、皮膚科への相談をおすすめします。

よく耳にする「炭素繊維」とは？

執筆：嘉村 均

　炭素繊維とは、ほぼ炭素のみを成分とする無機材料の繊維のことです。黒鉛と似た結晶構造をもっていて、軽く、化学的に安定しています。またほかの材料と質量あたりで比べたときに、切れにくく（高強度）、力をかけられても変形しにくい性質（高弾性率）があります。

　炭素繊維には大きく分けて2種類あります。PAN系炭素繊維はポリアクリロニトリル繊維を原料としています。ピッチ系炭素繊維は、石炭または石油から得られる重い残油（コールタール、アスファルト）が原料です。いずれも、原料を炭化して炭素繊維にします。繊維の長さや弾性率といった特性の違いによって使い分けられています。

●ほかのものと複合させて使用

　炭素繊維がそのまま使われることはあまりなく、プラスチックやセラミックス、金属といった材料との複合材として使われることが多くなっています。

　たとえば、航空機の機体材料として炭素繊維の複合材料が使われるようになりました。エアバスやボーイングの最新型旅客機には、胴体や主翼などの構造材料として多量に使われており、燃費の改善、航続距離を長くすることに役立っています。

　また、スポーツの分野では、テニスラケット、棒高跳びの棒、スキーのストック、あるいはゴルフクラブのシャフトなど、軽さと強さをあわせもつ必要のあるさまざまな種類のスポーツ用具に幅広く使用されています。

除湿剤の成分は？

執筆：大庭義史

　乾燥剤・除湿剤は、水分を吸収する物質です。海苔やビスケットなどの食品や電子精密機器といっしょに入れてある、または押入れや靴箱に置くために売られている乾燥剤・除湿剤を見たことがあると思います。乾燥剤・除湿剤は、湿気による劣化や分解、カビを予防するために使われています。乾燥剤・除湿剤は、シリカゲル（二酸化ケイ素）、生石灰（酸化カルシウム）、塩化カルシウムの大きく3種類に分けられます。

● 成分も使い方も違う3種類

　シリカゲルには、きわめて細かな穴があり、この穴の表面および内部に水が吸着することで乾燥剤として働きます。毒性がないため安全性の高い乾燥剤です。水を吸収すると青色からピンク色に変化する塩化コバルトを含ませたシリカゲルもあります。

　生石灰は、乾燥時は白色の粒状ですが、水を吸収すると粉末状の消石灰（水酸化カルシウム）に変化します。このとき熱を発生し、体積が3倍程度に増えます。このため、間違って食べたり、眼に入ったりすると、痛み、ただれ、出血、失明の危険性があるのできわめて注意が必要です。

　塩化カルシウムは、乾燥時は白色固体ですが、水を吸収すると液状になります。おもに、押入れや靴箱などの除湿に用いられます。中の液体は塩化カルシウムの高濃度の溶液で、服や手につくと損傷したりかぶれたりするので注意が必要です。

サビ取り剤の成分は？

執筆：大庭義史

鉄をぬれた状態で、または湿気の多いところに置くと、サビができます。サビは鉄の表面だけでなく内部にもどんどん進行していくので、そのまま放置すると、最終的には鉄が本来の硬さを失ってボロボロになってしまいます。進行させたくないサビを見つけたらすぐに取り除く必要があり、サビ取り剤が使われます。サビは酸の溶液に溶けるので、サビ取り剤は酸性のものが一般的です。

●酸性のもの、中性のもの

酸性のサビ取り剤のうち、塩酸や硫酸などの強酸を用いたものは、いずれも短時間でサビを溶かします。しかし、サビていない部分の鉄も溶かしてしまうので、必要以上に浸さないようにしましょう。また、塩酸や硫酸は刺激性が強く、皮膚について炎症などを起こすので、取り扱いに注意が必要です。

酸としてリン酸を用いたサビ取り剤もあります。リン酸は塩酸や硫酸ほど強い酸ではないので、強酸のサビ取り剤と比べるとサビの除去能力は劣ります。しかしリン酸には、サビの進行を抑える効果もあります。サビを溶かした鉄の表面に、水に不溶のリン酸塩の皮膜を形成するのです。

中性のサビ取り剤も市販されています。主成分のチオグリコール酸アンモニウムがサビを溶かすのですが、このとき液の色が紫色になり、容易に効果が確認できます。ただ、この成分はパーマ液のあの臭いのもとになっている物質なので、サビ取り作業時にも刺激と悪臭が発生するという欠点があります。最近は、臭いを抑えたタイプのものも市販されています。

カビ取り剤の成分は？

執筆：大庭義史

　カビは、糸状の構造をした菌糸が寄り集まったもので、胞子によって繁殖していきます。高温多湿を好むので、梅雨の時期はカビの繁殖に絶好の季節です。また浴室は、1年を通してカビの温床になりやすい場所で、浴室のタイルの目地が気づいたら黒くなっていたということを経験した方も多いでしょう。このようなとき、カビ取り剤の出番です。

●塩素系と非塩素系

　カビ取り剤は、塩素系と非塩素系の大きく2つに分類できます。市販のカビ取り剤のほとんどは塩素系で、次亜塩素酸ナトリウムが主成分です。水酸化ナトリウムなどによってアルカリ性（塩基性）にし、安定化させています。次亜塩素酸ナトリウムは市販の漂白剤にも含まれている成分で、カビの胞子や菌糸を殺菌し、カビがつくる色素を分解・漂白することによりカビを消す効果があります。塩素系カビ取り剤には「まぜるな危険」(p.26参照) という表示があります。酸性タイプの製品、お酢、アルコールなどと混ぜると有害なガスが発生するので、単独で使いましょう。

　非塩素系のカビ取り剤には、乳酸などの有機酸を主成分とするものがあります。乳酸の殺菌力を利用したもので、塩素系のカビ取り剤のような刺激臭がないのも特徴です。漂白作用はないので、カビの色素が染み込んでいる場合には、あとからブラシなどでこすっても、真っ白にならない場合もあります。液性が弱酸性なので、塩素系のカビ取り剤との併用はできません。

シロアリ駆除薬の成分は？

執筆：大庭義史

　シロアリは、木造建物や樹木などを食べる害虫として知られています。日本では、イエシロアリ、ヤマトシロアリの2種による被害が多く、近年は外来生物のアメリカカンザイシロアリによる被害も問題になってきています。シロアリはどんな物質でもかじるので、木造建物や樹木だけでなく、本や書類、衣類や布団、地下通信ケーブルや電線などをかじって損傷させるなどの被害もあるので駆除が必要です。

●シロアリ駆除薬は農薬に類似

　シロアリ駆除薬の有効成分は、農薬などの殺虫剤と同じものです。昔は有機塩素系のクロルデンや有機リン系のクロルピリホスが使用されてきました。しかし、クロルデンは強い毒性をもち、環境残留性が高い、クロルピリホスは揮発性が高く、シックハウス症候群や化学物質過敏症（pp.27〜29参照）の原因物質の1つ、という理由から、現在はいずれも使用などが規制されています。現在シロアリ駆除薬としてよく用いられているのは、ピレスロイド系、ネオニコチノイド系の薬剤です。

●よく使われる2種類の薬剤

　ピレスロイド系の薬剤は、もともとは除虫菊に含まれる殺虫成分で、現在は構造を改良した合成品が使われています。シロアリなどの昆虫の神経に作用し、けいれん・麻痺作用を引き起こし、最終的に死にいたらしめます。即効性にすぐれ、またヒトに対しての毒性の低い駆除薬です。魚に対する毒性が一般的に高いので、

河川などに流れ込まないように注意する必要があります。

　ネオニコチノイド系の薬剤は、タバコに含まれるニコチンに似た構造をもっています。正常な刺激伝達を遮断して、興奮状態を引き起こし、最終的に死にいたらしめます。遅効性で、ヒトに対する毒性の低い駆除薬です。また、ピレスロイド系の薬剤が「忌避性」(薬剤に反応して逃げていく性質)をもつのに対して、ネオニコチノイド系の薬剤は忌避性がないという特徴があります。このため、シロアリの体に付着した薬剤が、ほかのシロアリに伝播していくことも期待できます。

●使用には十分に注意

　市販のシロアリ駆除剤には、ヒトの安全性を考慮した殺虫成分が使われてはいますが、100％安全というわけではありません。取り扱う際は使用上の注意をよく読んで使用しましょう。また、シロアリの種類によっても駆除の方法は異なります。シロアリの被害の大きさを考えると、シロアリを安全に、そして確実に駆除したいなら、素人判断による駆除を試みるよりも、信頼できる専門家に相談することをおすすめします。

図　ペルメトリン(ピレスロイド系)の構造式

図　イミダクロプリド(ネオニコチノイド系)の構造式

おわりに

　私たちは生存のため、そして生活を便利にするために、非常に多くの物質を利用してきました。自然界に存在するもの、それらを加工したもの、そしてほかの物質から人工的に合成したものなど、実に多種多様です。

　日常生活において、身のまわりにあるすべての物質の特性や特徴を、いちいち意識することはないでしょう。しかし、社会で事件を引き起こしたり、なにかをきっかけとして人々の口にのぼったりすることで、物質の名前が私たちの前に顔を出してくる場合があります。そのときに、自分には関係ないと思うか、この機会に少しだけでも知りたいと思うかが、多様な物質の特性や特徴に対する感度が高くなるか、低くなるかの分かれ道になるのではないでしょうか。

　私たちはあまりにも多種多様な物質に囲まれているため、すべての物質に対して危険性や取り扱い上の注意をいつも意識することは難しくなっています。

　行政や関係機関は、私たちが接する可能性がある物質による危険を避けるため、製造や使用においてさまざまな規制を行っています。私たちはこの規制のおかげで、個別の物質の危険性をいちいち考慮しなくても、一応は安全に利用できるようになっているといってよいでしょう。

　ただし、それぞれの規制がどの程度妥当なのか、利用によ

るリスク（危険性）とベネフィット（便益）の折り合いをどうつけるのかという点には、注意を払うことが必要です。知らない物質の名前に出合ったら、どのような性質をもっていて、どのような利用規制がされているのかを、一度は調べてみるのがよいと思います。

　本書では、話題になったり、問題になったりした物質の中から、多くの方に興味・関心をもっていただけそうなものや、もってもらいたいと考えたものを取り上げました。
　これらには、明確な根拠にもとづいて利用が規制されているものから、まだリスクがよくわかっていないものまであります。単に有害そうだからという理由で忌避するのではなく、リスクとベネフィットの兼ね合いを考えて、どう折り合いをつけるかという点まで踏み込んで考えるのが理想です。
　リスクとベネフィットの折り合いのつけ方については、社会的な合意を得るための手段として、近年「リスクコミュニケーション」が注目されています。本書を読んで、次になにを知る必要があるのかと思った方は、ぜひリスクコミュニケーションの考え方と実例を知っていただきたいと思います。

2016年10月　一色健司

索引

英字

ATP	99、126
BDF	64
cGMP	130
DDT	44、46
DNA	32、56、101、106、113、128
LED	164
LSD	38
NO_x	65、68
PCB	44、46、52
pH	68、127、173
PM2.5	73
POPs	44
SO_x	65、68
VOC	62

あ

亜鉛	15、16、77、102、153、160
アクリルアミド	109、110
アコニチン	36
アスベスト	72、74、104
アセトアルデヒド	116
アデノシン三リン酸	99
亜ヒ酸	18
アマトキシン	35
アミグダリン	15
アミノ酸	100、102、106、108、110、130
アミロース	98
アミロペクチン	98
亜硫酸ガス	66
アルカリマンガン乾電池	160
アルカロイド	36、38、114
アルギニン	130
アルコール	104、116、150、179
アルミ缶	144、146、156
アルミニウム	144、146、149、152、155、164、168
アンフェタミン	38
石綿	74
イタイイタイ病	76
一酸化炭素	24、40、62
一酸化窒素	55、68、130
ウラン	80、82、84、86、88、90
エストロゲン	128
エタノール	117、119、129
塩化水素	22
塩化ナトリウム	120、166
塩酸	14、70、178
塩素ガス	26、148
エンドルフィン	132
オキシダント	54
オゾン	54、56、58、96、134
温室効果	59、60、64、92

か

カーボンニュートラル	65
化学物質過敏症	27、28、180
化学やけど	174
核種(放射性核種)	80、82、85、170
覚醒剤	38

化石燃料	55、64、66、68、92
活性炭	134、136
カテキン	109、118
カドミウム	76、104
カビ	26、27、29、32、134、177、179
危険ドラッグ	39
キノコ	32、34
揮発性有機化合物	45、62
銀	15、148、154
クリーニングソルベント	175
グリーンプラ	50
グリコーゲン	98、126
グリコール酸	172
グルコース	98
クロム	78、102
クロルデン	180
クロルピリホス	29、180
クロロフィル	97
ゲルマニウム	168
原油流出事故	52
誤飲	16、31、41、42
硬貨	152
光化学オキシダント	54、69
光化学スモッグ注意報	54
高コレステロール血症	124
甲状腺	83
酵素	14、17、18、99、100、103、116、119、130
高速増殖炉	86、88、90
コレステロール	119、124

さ

催奇形性	30、47、48
サイクリックGMP	130
サビ	79、136、138、148、153、168、178
サリチル酸	172
酸性雨	55、66、68
酸性洗剤	26
次亜塩素酸ナトリウム	26、179
シアノバクテリア	96
シアノヒドリン	15
シアン化カリウム	14
紫外線	54、56、96、164
シックハウス症候群	27、180
シックビルディングシンドローム	27
脂肪酸メチルエステル	64
ジメルカプロール	18
硝酸	68、70
硝酸性窒素	70
食塩	120、122、166
食塩感受性高血圧	123
シリカゲル	177
じん肺	72
水銀	77、150、165
水素エネルギー	92
水素水	140
スギ花粉	72
スチール缶	144、147、156
ストロンチウム	82
青酸化合物	14
青酸カリウム	14
生分解性プラスチック	50、99
赤外線	60、164
石炭	50、66、72、105、176
石油	24、50、53、64、66、174、176
セシウム	82
ソラニン	114

た

ダイオキシン	44、46
代替フロン	58
太陽電池	77、94
タバコ	40、42、104、108、181
タリウム化合物	16
炭化水素	55、58、62、175
炭水化物	98、102
炭素繊維	176
タンパク質	17、18、35、100、102、105、108、110、117、125、126、174
チオグリコール酸アンモニウム	178
チタン	168
チャコニン	114
通風	128
テトラクロロエチレン	48
テトロドトキシン	37
デンプン	50、97、98
都市鉱山	154
ドライクリーニング	48、174
トリカブト	36
トリクロロエタン	48
トリクロロエチレン	48、52、104
トリハロメタン	134
トルエン	29
トルマリン	166

な

ナトリウム	70、88、102、127
ナトリウムチャネル	36、126
ナホトカ号	52
鉛	138
ニカド電池	76、162
ニコチン	40、181
二酸化硫黄	22、66、68
二酸化炭素	22、50、59、60、62、64、68、92、96、98、102、116
二酸化窒素	54、67、68
ニッケル・カドミウム蓄電池	76、162
ニッケル・水素蓄電池	162
乳酸	51、126、172、179
尿酸	128
農薬	30、52、180

は

バイアグラ	130
バイオディーゼルフューエル	64
バイオマスメタノール・メタン	92
バイオレメディエーション	52
バクテリア	52、96
発がん性	30、32、40、47、48、70、78、104、106、108、110、112、134
バッタ効果	45
発泡スチロール	158
ヒ素	18、104
ビタミン	17、102、109
ピレスロイド	180
漂白剤	26、148、174、179
フグ	37
副腎皮質ホルモン	124
プラスチック	50、77、99、144、156、158、176
プリン体	128
フルオロカーボン	58
プルトニウム	83、84、86、88、90、104
フロン	58、60
粉じん	72
ペットボトル	31、144、156
ヘテロサイクリックアミン	108

ベトナム戦争	46
ヘモグロビン	24、41、70
ベンゼン	40、105
ベンゾピレン	104、108
ボーキサイト	146、152
放射性カリウム	80
放射性廃棄物	84
放射性物質	80、82、84、91、145
放射性ヨウ素	82、104
ボタン型電池	42
ポリエチレンテレフタラート	156
ポリ塩化ビフェニル	44、104
ポリスチレン	158
ポリ乳酸	51、99
ホルムアルデヒド	27、29、104

ま

マイナスイオン	142、166、169
マグネシウム	102、146
マテリアルリサイクル	157、158
麻薬	38、132
マンガン乾電池	160
ミネラル	102、127、137
メイラード反応	110
メタン	58、60、92
メタンフェタミン	38
メトヘモグロビン	70
モルヒネ	132
もんじゅ	88

や

四日市ぜんそく	66
有機塩素化合物	44、46、48

ら

ラジウム	80、170
ラドン	80、170
リチウムイオン電池	162
リモネン	159
硫化水素	20、22、148
硫酸	16、66、68、70、104、178
硫酸タリウム	16
リン酸	126、178
レスベラトロール	118
劣化ウラン	90
六価クロム	78、104
六フッ化ウラン	91

その食品、その洗剤、本当に安全なの?

知っていると安心できる成分表示の知識

左巻健男・池田圭一/編著

本体 1,000円 +税

あなたが口にする食品。食べる前にパッケージをよく見ると、原材料名が書かれていますよね。その原材料名に、聞き慣れないものがありませんか? そこで本書では、食品から洗剤、化粧品まで、家庭にあるさまざまなものの表示の見方や使われている成分を解説します。安心して食べたり使ったりできる製品選びの目を養うための1冊。

第1章　これだけは知っておきたいラベル表示の基本
第2章　その成分をくわしく知りたい食品添加物の知識
第3章　解決しておきたい健康食品の疑問
第4章　知っておくと役立つ生活の中のラベル表示

現代を生きるために必要な科学的基礎知識が身につく

大人のやりなおし中学化学

左巻健男/著

本体952円＋税

理系の話は難しいと思っていませんか？ 実は中学レベルの約束事を覚えさえすれば、内容の多くを理解できるのです。本書は水溶液や化学変化といった中学化学を、基礎のキソからやさしく解説したもの。理系の知識が必要となるとき、本書でやりなおしてみませんか？

第1章 "もの"の基本的性質
第2章 "もの"は、原子からできている
第3章 水溶液
第4章 状態変化
第5章 化学変化
第6章 イオンと中和反応

身近にある毒から人間がつくりだした化学物質まで

毒の科学

齋藤勝裕/著

本体 1,000円 +税

自然界には恐るべき毒をもった生物が数多く存在します。ただしこれらは、生き残るための手段として毒をもっているだけなのです。それに対して人間は"同じ人間の大切な命をも奪う化学物質"とも呼べる毒を数多く生みだしました。本書は生物たちの毒から、人間自身が生みだした有害物質の数々までを紹介していきます。

序章　人間にとって毒とはなにか	第3章　動物がつくりだす毒
第1章　植物・キノコ由来の毒	第4章　人間がつくりだした毒
第2章　魚・貝がつくりだす毒	第5章　毒物の事故と事件

"知らなかった"ではすまされない
雑草、野菜、草花の恐るべき仕組み

身近にある毒植物たち

森 昭彦/著

本体 1,000円 +税

道の傍ら、庭の隅、身近な畑や野山でひっそりと、あるいはあでやかに伸び咲き誇る植物。いずれも美々しく、そしてときどき、なんだかおいしそう。けれどなかには、お馴染みの野菜や山菜に似ているのに一口で昏倒するもの、迂闊に触れると悲惨な事態を招くものもあるのです。恐ろしくも、知っておきたいその世界をご案内。

序章　忘れられがちな"植物の自然毒"
第1章　致死性の身近な植物
第2章　重大事故を起こす園芸植物
第3章　取り扱いに注意すべき"普通の"草花

サイエンス・アイ新書
SIS-368

http://sciencei.sbcr.jp/

知っておきたい
化学物質の常識84
なんとなく恐れている事故や公害から、
"意外と正体を知らない"家庭用品まで

2016年11月25日　初版第1刷発行

編 著 者	左巻健男・一色健司
発 行 者	小川 淳
発 行 所	SBクリエイティブ株式会社
	〒106-0032　東京都港区六本木2-4-5
	電話：03-5549-1201（営業部）
装丁・組版	クニメディア株式会社
印刷・製本	図書印刷株式会社

乱丁・落丁本が万が一ございましたら、小社営業部まで着払いにてご送付ください。送料小社負担にてお取り替えいたします。本書の内容の一部あるいは全部を無断で複写（コピー）することは、かたくお断りいたします。本書の内容に関するご質問等は、小社科学書籍編集部まで書面にてご連絡いただきますようお願いいたします。

©左巻健男・一色健司　2016 Printed in Japan　ISBN 978-4-7973-5689-2